剪映

视频剪辑

完全自学一本通 | 手机版 电脑版

卢莉宏　董　磊　唐增煦　编著

人民邮电出版社

北京

图书在版编目（CIP）数据

剪映视频剪辑完全自学一本通 / 卢莉宏，董磊，唐增煦编著. -- 北京：人民邮电出版社，2024.6
ISBN 978-7-115-64310-0

Ⅰ. ①剪… Ⅱ. ①卢… ②董… ③唐… Ⅲ. ①视频编辑软件 Ⅳ. ①TN94

中国国家版本馆CIP数据核字(2024)第085736号

内 容 提 要

本书基于当下热门的短视频剪辑工具"剪映"编写而成，对短视频素材剪辑、音频处理、视频特效制作，以及剪映专业版的应用等内容进行详细讲解。

全书共包含 11 章内容。第 1~3 章主要介绍剪映的工作界面和基本操作，还有常用的编辑功能。第 4~10 章主要讲解音频效果、动画特效、字幕效果、抠像与合成、转场效果、后期调色与 AI 智能创作等内容。第 11 章则为综合案例，对之前的内容进行汇总，介绍 Vlog 短视频和电商广告的剪辑技巧。

本书适合广大短视频制作爱好者、自媒体运营人员，以及想要寻求突破的新媒体平台工作人员、视频电商营销与运营的个体等学习参考。

◆ 编　著　卢莉宏　董　磊　唐增煦
　　责任编辑　张丹丹
　　责任印制　陈　犇

◆ 人民邮电出版社出版发行　　北京市丰台区成寿寺路 11 号
　　邮编　100164　　电子邮件　315@ptpress.com.cn
　　网址　https://www.ptpress.com.cn
　　北京宝隆世纪印刷有限公司印刷

◆ 开本：700×1000　1/16
　　印张：14.5　　　　　　　　2024 年 6 月第 1 版
　　字数：358 千字　　　　　　2025 年 4 月北京第 6 次印刷

定价：69.80 元

读者服务热线：(010)81055410　印装质量热线：(010)81055316
反盗版热线：(010)81055315

前　言

随着短视频的迅速发展，由抖音官方推出的手机视频编辑工具剪映App逐渐成为众多用户常用的短视频后期处理工具。

如今，剪映不仅是手机端短视频剪辑领域的强者，还得到越来越多的PC端用户的青睐，剪映商业化的应用也与日俱增。

以前，使用Premiere和After Effects等大型图形视频处理软件制作电影效果与商业广告需要花费几个小时，现在使用剪映只需花费几分钟或几十分钟就能达到几乎一样的效果。功能强大、配置要求低、容易上手等特点，使剪映有望在未来成为商业视频的重要剪辑工具之一。

本书基于剪映App和剪映专业版编写而成。由于软件升级较为频繁，版本之间部分功能和内置素材会有些许差异，建议读者灵活对照自身所使用的版本进行变通学习。

本书特点

● **精选热门案例、实战示范**：全书采用"知识讲解+案例实操"的教学方法，精选抖音上的热门案例，为读者讲解使用剪映剪辑的"干货"技巧，步骤详细，简单易懂，帮助读者从新手快速成为短视频创作高手。

● **内容丰富全面、通俗易懂**：本书内容新颖、全面且难度适当，由浅入深、循序渐进地讲解剪映App和剪映专业版的工作界面、基本操作、音频效果、动画特效、字幕效果、抠像合成、后期调色等内容，全面覆盖剪映App和剪映专业版的剪辑功能。

学习项目

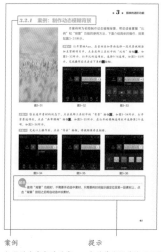

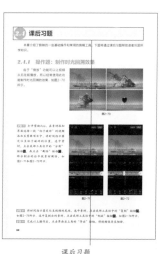

案例
与所讲内容相关的实例，通过实际动手操作学习各种功能。

提示
各种剪映操作技巧及使用时的注意事项。

课后习题
增强独立操作能力的"操作题"，剪映App和剪映专业版均有涉及。

综合案例
突出了多功能协作的特点，技术性更强，技巧更丰富。

注：🖥 表示剪映电脑专业版。

CONTENTS

第 **5** 章
制作动画特效

第 **6** 章
制作字幕效果

CONTENTS

第 7 章
视频抠像与合成

第 8 章
制作转场效果

第 **9** 章

视频后期调色

CONTENTS

目 录

第 **1** 章

剪映短视频入门

剪映是抖音官方推出的一款视频剪辑工具，带有全面的剪辑功能和丰富的曲库资源，拥有多种滤镜和美颜效果，一上线便深受用户喜爱。本章介绍剪映App和剪映专业版的入门知识，包括工作界面、剪映模板、剪映云盘，以及剪映App和剪映专业版的协同操作。通过本章的介绍及实例操作，读者可以对剪映App和剪映专业版有一个初步的了解。

学习要点
- 认识剪映App的界面
- 认识剪映专业版的界面
- 学会使用剪映模板
- 剪映App和专业版协同操作

认识剪映App的界面

在使用剪映App之前，先来认识和熟悉其功能及界面，方便后续进行剪辑操作。下面为读者简单介绍剪映App的基本功能和操作界面。

1.1.1 案例：剪映App概览

剪映App主要由"剪辑""剪同款""创作课堂""消息""我的"五大板块组成，点击功能按钮可以切换至对应的功能界面。

> **提示**
>
> 剪映更新频率较高，版本不同主界面可能存在差异。如果主界面中没有"创作课堂"和"消息"，可以点击"我的"，在这里可以找到这两项。

步骤01 在手机桌面上点击剪映图标，打开剪映App，进入剪映主界面，如图1-1所示，可以看到界面底部分布的一排功能按钮。

步骤02 点击"剪同款"按钮，切换至模板界面，如图1-2所示，里面包含了各种各样的模板。用户可以根据菜单分类选择模板后进行套用，也可以通过搜索框搜索自己想要的模板进行套用。

图1-1

图1-2

步骤03 点击"创作课堂"按钮，切换至相应的界面，如图1-3所示，可以看到各种视频剪辑教程，用户可根据自身需求选择不同内容进行学习。

步骤04 点击"消息"按钮，切换至相应的界面，如图1-4所示，可以查看接收的官方通知及消息、粉丝的评论及点赞提示等。

步骤 05 点击"我的"按钮 ⚲，切换至相应的界面，如图1-5所示。用户可以在这里编辑个人资料，管理发布的视频和点赞的视频，点击"抖音主页"可以跳转至抖音界面。

图1-3

图1-4

图1-5

步骤 06 点击"剪辑"按钮 ✂，切换至剪辑界面。在该界面点击"开始创作"按钮 ⊞，进入素材添加界面，如图1-6和图1-7所示，选择相应素材并点击"添加"按钮后，即可进入视频编辑界面，如图1-8所示。视频编辑界面由3部分组成，分别为预览区、时间线和工具栏。

图1-6

图1-7

图1-8

1.1.2　认识预览区

预览区可以实时查看视频画面，时间指示器处于视频轨道的哪一帧，预览区就会显示哪一帧的画面。可以说，视频剪辑过程中的任何一个操作，都需要在预览区中确定其效果。当对完整视频进行预览，发现已经不需要继续修改时，一个视频的后期剪辑就完成了。

在图1-9中，预览区左下角显示为00:00/00:03，其中00:00表示当前时间指示器位于的时间刻度，00:03表示视频总时长为3s。

点击预览区下方的▶图标，即可从当前时间指示器所处的位置播放视频；点击↩图标，即可撤回上一步的操作；点击↪图标，即可恢复撤回的操作；点击⬚图标可全屏预览视频。

图1-9

1.1.3　认识时间线

在使用剪映进行视频后期剪辑时，绝大部分的操作都是在时间线区域中完成的，该区域包含三大元素，分别是"轨道""时间指示器""时间刻度"，如图1-10所示。

占据时间线区域较大比例的是各种轨道，图1-10中有人物图像的是主视频轨道，橘黄色的是贴纸轨道，橘红色的是文字轨道。在时间线中还有其他各种各样的轨道，如特效轨道、音频轨道、滤镜轨道等。通过各个轨道的首尾位置，可确定其时长及效果的作用范围。

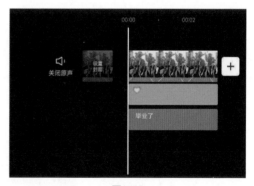

图1-10

时间线区域中那条白色竖线就是时间指示器，随着时间指示器在视频轨道上移动，预览区域会显示当前时间指示器所在的那一帧画面。在进行视频剪辑，以及确定特效、贴纸、文字等元素的作用范围时，往往都需要移动时间指示器到指定位置，然后再移动相关轨道至时间指示器所在位置，以实现精准定位。

时间线区域的最上方是一排时间刻度。通过该刻度，可以准确判断当前时间指示器所在时间点。其更重要的作用在于，随着视频轨道被"拉长"或者"缩短"，时间刻度的"跨度"也会跟着变化。视频轨道被拉长，有利于精准定位时间指示器的位置；而当视频轨道被缩短时，则有利于时间指示器快速在较大时间范围内移动。

1.1.4 认识工具栏

视频编辑界面的最下方为工具栏，剪映中的所有功能几乎都需要在工具栏中找到相关选项进行操作。在不选中任何轨道的情况下，剪映所显示的为一级工具栏，点击相应按钮，则会进入二级工具栏。

需要注意的是，当选中某一轨道后，剪映工具栏会随之发生变化，变成与所选轨道相匹配的工具栏。图1-11所示为选中图像轨道时的工具栏，图1-12所示则为选中文字轨道时的工具栏。

图1-11

图1-12

1.2 认识剪映专业版的界面

剪映专业版是抖音继剪映App之后，推出的在PC端使用的一款视频剪辑软件。相较于剪映App，剪映专业版的界面及面板更为清晰，布局更适合PC端用户，也更适用于专业剪辑场景，能帮助用户制作更专业、更高阶的视频效果。

1.2.1 案例：剪映专业版概览

在计算机中安装剪映专业版软件后，双击桌面上的快捷图标，即可启动该软件。剪映专业版延续了App简洁的工作界面，各个工具都有相关文字提示，用户对照文字提示可以轻松地管理剪辑项目和制作视频。

步骤01 启动剪映专业版软件，在首页界面中单击"开始创作"按钮⊞，如图1-13所示。

图1-13

步骤02 进入视频编辑界面，此时已经创建了
一个视频剪辑项目，单击"导入"按钮 ⊕ 导入，
如图1-14所示。

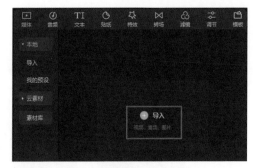

图1-14

步骤03 在打开的"请选择媒体资源"对话框中，打开素材所在的文件夹，选择需要使用的图像或视频素材，选择后单击"打开"按钮，如图1-15所示。

步骤04 选择的素材被导入剪映软件的本地素材库中，如图1-16所示，用户可以随时调用素材进行编辑处理。

图1-15

图1-16

步骤05 按住鼠标左键，将本地素材库中的图片素材拖入时间线区域，即可对素材进行编辑，如图1-17所示。

图1-17

1.2.2 首页界面

启动剪映专业版后，首先映入眼帘的是首页界面，如图1-18所示。在首页界面中，用户可以创建新的视频剪辑项目，也可以对已有的剪辑项目进行重命名、删除等基本操作。

图1-18

假设用户想为剪辑项目更换名称，可在草稿箱中选中剪辑项目，单击鼠标右键，弹出快捷菜单，选择"重命名"命令，如图1-19所示。然后修改剪辑项目的名称为"粉色花朵"，如图1-20所示，确认后即成功为剪辑项目更换名称。

图1-19

图1-20

1.2.3 视频编辑界面

在计算机桌面上双击"剪映"图标，单击"开始创作"按钮，即可进入剪映专业版的视频编辑界面。剪映专业版的整体操作逻辑与剪映App几乎是一致的，但由于计算机的屏幕较大，所以在操作界面上会有一定的区别。因此，只要了解各个功能、选项的位置，在掌握剪映App操作的前提下，也就自然知道如何通过剪映专业版进行剪辑了。

剪映专业版的视频编辑界面如图1-21所示，主要包含六大区域，分别为常用功能区、素材区、播放器、素材调整区、工具栏和时间线区。在这六大区域中，分布着剪映专业版的所有功能和选项。其中占据空间最大的是时间线区，该区域也是视频剪辑的"主战场"。剪辑的绝大部分工作，都是对时间线区中的"轨道"进行编辑，从而实现预期的视频效果。

图1-21

剪映专业版各区域功能的说明如下。

常用功能区：包含媒体、音频、文本、贴纸、特效、转场、滤镜、调节、素材包共9个选项。其中只有"媒体"选项没有在剪映App中出现。在剪映专业版中单击"媒体"按钮 后，可以选择从"本地"或者"素材库"导入素材至素材区。

素材区：无论是从本地导入素材，还是选择工具栏中的"贴纸""特效""转场"等工具，其可用素材、效果均会在素材区中显示。

播放器：在后期剪辑过程中，可随时在播放器中查看效果，单击播放器右下角的 按钮可进行全屏预览；单击右下角的 按钮，可以调整画面比例。

素材调整区：在选中时间线区中的某一轨道后，在素材调整区中会出现针对该轨道进行的效果设置选项。选中"视频轨道""音频轨道""文字轨道"时，"素材调整区"分别如图1-22至图 1-24所示。

图1-22

图1-23

图1-24

工具栏： 在工具栏中，可以快速对视频轨道进行分割、删除、定格、倒放、镜像、旋转和裁剪等操作。另外，如果操作失误，单击该功能区中的 🔄 按钮，即可将上一步操作撤回。

时间线区： 时间线区中包含三大元素，分别为"轨道""时间指示器""时间刻度"。由于剪映专业版的界面较大，所以不同的轨道可以同时显示在时间线区中，如图1-25所示，这是相比剪映App的明显优势，可以提高后期处理的效率。

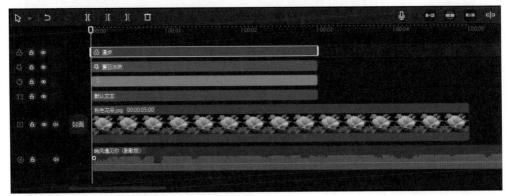

图1-25

提示
　　在使用剪映App时，由于图片和视频都是从相册中找到的，所以相册就相当于剪映App的"素材库"。但对于剪映专业版而言，因为计算机中没有一个固定的、用于存储所有图片和视频的文件夹，所以剪映专业版会出现单独的素材区。使用剪映专业版进行后期处理的第一步，就是将准备好的一系列素材全部添加到素材区中，在后期处理过程中，需要哪个素材，直接将其从素材区拖至时间线区即可。

1.3 学会使用剪映模板

　　剪映的视频模板就是创作人在剪映里面制作出来并共享给用户使用的视频源文件，用户只需手动添加视频或图像素材，就能够直接将他人编辑好的视频参数套用到自己的视频中，快速且高效地制作出一条包含特效、转场、卡点等效果的完整视频。

1.3.1 案例：应用高级旅拍模板

　　本案例将应用高级旅拍模板制作旅拍短视频，帮助读者掌握"剪同款"功能的使用方法。下面介绍具体的操作方法，效果如图1-26所示。

图1-26

步骤 01 打开剪映App，在主界面点击"剪同款"按钮，如图1-27所示，跳转至模板界面。在界面顶部的搜索栏中输入"高级旅拍模板"并进行搜索，界面中出现与搜索内容相关的短视频模板，如图1-28所示。

图1-27

图1-28

步骤 02 点击需要应用的视频模板进入播放界面，再点击界面右下角的"剪同款"按钮，如图1-29所示。进入素材选取界面，选好需要使用的素材，点击"下一步"按钮，如图1-30所示。

图1-29 　　　　　　　　　　　　　　图1-30

步骤 03 进入视频编辑界面，点击素材缩览图中的"点击编辑"按钮，如图1-31所示，再在工具栏中点击"裁剪"按钮 ▦，如图1-32所示。

步骤 04 进入裁剪界面，在界面底部拖动裁剪框选择视频显示区域，选择好之后点击界面右下角的"确认"按钮，如图1-33所示。

步骤 05 完成以上操作后，点击界面右上角的"导出"按钮，将视频导出至相册。

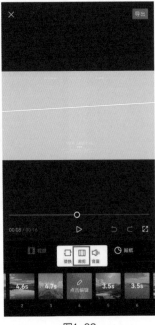

图1-31 　　　　　　　　　　图1-32 　　　　　　　　　　图1-33

1.3.2　"剪同款"功能

对于刚刚接触短视频制作，不了解视频拍摄技巧和制作方法的用户来说，剪映中的"剪同款"无疑会成为他们爱不释手的一项功能。通过"剪同款"功能，用户可以轻松套用视频模板，快速且高效地制作出同款视频。

打开剪映App，在主界面点击"剪同款"按钮，如图1-34所示，跳转至模板界面，在界面顶部的搜索栏中输入内容后进行搜索，界面中出现与搜索内容相关的短视频模板，如图1-35所示。

确定需要应用的模板后，在播放界面点击"剪同款"按钮就可以制作同款视频，使用创作人精心设计的视频效果，包括贴纸、转场、动画、文字、滤镜等。

图1-34

图1-35

1.3.3　应用模板

在剪映中应用模板的方法非常简单，在模板界面选好需要使用的模板，点击模板进入播放界面，再点击界面右下角的"剪同款"按钮，进入素材选取界面，如图1-36和图1-37所示。在素材选取界面底部，会提示用户需要选择几个素材。

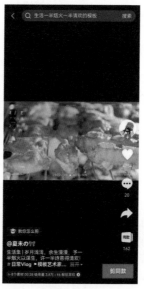

图1-36

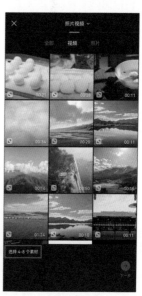

图1-37

在完成素材选择后，点击"下一步"按钮，等待片刻即可生成视频内容，如图1-38所示，生成的视频内容会自动添加模板视频中的文字、特效及背景音乐，如图1-39所示。

图1-38   图1-39

1.3.4 编辑模板

在应用视频模板时，用户不仅可以在编辑界面预览视频效果，还可以对内容进行简单的编辑和修改。编辑界面的下方分别提供了"视频"和"文本"选项，如图1-40所示。在"视频"选项下，点击素材缩览图，将弹出"替换""裁剪""音量"等选项，如图1-41所示。

图1-40   图1-41

点击"替换"按钮🔲，可以再次打开素材选取界面，重新选择素材进行替换操作。点击"裁剪"按钮🔲，可以打开素材裁剪界面，对视频画面进行调整，或调整裁剪框来改变视频显示区域和时长，如图1-42和图1-43所示。点击"音量"按钮🔊，可以调节视频的音量大小。点击"编辑更多"选项，会弹出更多收费的剪辑功能选项。

| 图1-42 | 图1-43 |

在编辑界面中，切换至"文本"选项，可以看到底部分布的文字素材缩览图，如图1-44所示。点击其中一个文字素材，该素材的右侧将出现一排功能按钮，点击其中的"编辑"按钮，如图1-45所示，将弹出键盘，此时可以修改选中的文字内容，如图1-46所示。

| 图1-44 | 图1-45 | 图1-46 |

1.4 App和专业版协同操作

在利用剪映编辑视频的时候，系统会自动将剪辑好的视频保存至草稿箱。但草稿箱的内容一旦删除就找不到了，为了避免这种情况，用户可以将重要的视频发布到云空间，这样不仅可以备份视频，还可以实现App和专业版协同操作。

1.4.1 案例：将专业版中的项目导入App

本案例将演示将专业版中的剪辑项目导入剪映App中的操作方法，帮助读者掌握"剪映云"的使用方法，下面介绍具体的操作。

步骤 01 启动剪映专业版软件，登录抖音账号，在草稿箱中选中剪辑项目，单击鼠标右键，弹出快捷菜单，选择"上传"命令，如图1-47所示。

图1-47

步骤 02 在弹出的对话框中选择"我的云空间"选项，如图1-48所示。单击"上传到此"按钮，如图1-49所示。

图1-48

图1-49

步骤 03 稍等片刻，即可将视频备份至云端，单击切换至"我的云空间"可以查看存储的视频项目，如图1-50所示。

图1-50

步骤04 在手机上打开剪映App，登录同一个抖音账号，在主界面点击"剪映云"按钮，如图1-51所示。进入"我的云空间"，可以看见在专业版中备份的剪辑项目，点击项目缩览图右下角的 ⋮ 按钮，如图1-52所示。

图1-51

图1-52

步骤05 在底部浮窗中点击"下载"按钮，将视频下载至本地，如图1-53所示。

步骤06 点击"剪辑"按钮，回到主界面，可以看到该项目已下载至"本地草稿"中，如图1-54所示。

图1-53

图1-54

1.4.2 抖音与剪映账号互联

剪映App和剪映专业版协同操作的前提条件是，剪映App和剪映专业版必须登录的是同一账号。剪映作为抖音官方推出的视频剪辑软件，支持用户使用抖音账号登录，实现剪映与抖音之间的无缝对接。下面将分别介绍使用抖音账号登录剪映App和剪映专业版的操作方法。

1. 使用抖音账号登录剪映App

打开剪映App，在主界面点击"我的"按钮，打开图1-55所示的账号登录界面。点击"抖音登录"按钮，即可使用抖音账户登录剪映App，如图1-56所示。

图1-55

图1-56

2. 使用抖音账号登录剪映专业版

在计算机桌面上双击"剪映"图标，启动剪映专业版软件，在首页界面中单击"点击登录账户"按钮，进入登录界面，如图1-57和图 1-58所示。

图1-57

图1-58

打开抖音App，在首页点击"搜索"图标，再点击"扫一扫"图标，扫描图1-58所示界面中的二维码，进入抖音的授权界面，点击"同意授权"按钮，即可完成登录，如图1-59和图1-60所示。

图1-59 　　　　　　　　　　　　　　　　　　　图1-60

1.4.3　认识"剪映云"

　　剪映App和剪映专业版能够实现协同操作的一个十分重要的因素就是"剪映云"，它是连接剪映App和剪映专业版的桥梁，主要用于存储。其操作方法也很简单，在剪映App的主界面点击项目缩览图右下角的█按钮，然后再点击底部浮窗中的"上传"按钮，如图1-61和图1-62所示。

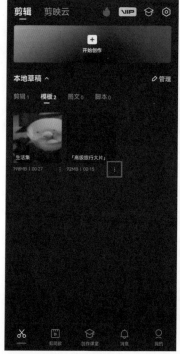

图1-61 　　　　　　　　　　　　　　图1-62

进入上传界面，点击"上传到此"按钮，如图1-63所示。稍等片刻，即可将剪辑项目上传至剪映云，如图1-64所示。用户将剪辑项目上传至云空间之后，可以将其下载至剪映App中，也可以下载至剪映专业版中。

图1-63

图1-64

1.4.4 专业版和其他剪辑软件协同操作

剪映专业版的首页界面中有一个"导入工程"按钮，单击该按钮，可以导入Premiere的工程文件，实现剪映专业版和Premiere的协同操作，下面介绍具体的操作步骤。

启动剪映专业版软件，在首页界面单击"导入工程"按钮，如图1-65所示。进入"打开"对话框，打开Premiere工程文件所在的文件夹，选择文件，单击对话框底部的"打开"按钮，如图1-66所示。

图1-65

图1-66

此时，即可将Premiere的工程文件在剪映专业版软件中打开，如图1-67所示。

图1-67

1.5 课后习题

剪映是一个操作简单、功能强大的视频编辑工具，通过本章的介绍，相信读者对它有了初步的认识，也积累了一些创作经验。课后习题可以帮助读者检验学习成果，也能帮助读者更好地掌握剪映，使读者用起来更加得心应手。

1.5.1 操作题：使用"模板"功能制作Vlog

剪映的模板不仅可以在App中使用，也可以在专业版中使用。本习题将在剪映专业版中使用"模板"功能制作一条Vlog短片，效果如图1-68所示。

图1-68

图1-68（续）

步骤 01 启动剪映专业版软件，在首页界面中单击"模板"按钮，如图1-69所示。进入模板界面，单击"vlog"标签，即可加载出Vlog模板，如图1-70所示。

图1-69 　　　　　　　　　　　　　　　　图1-70

步骤 02 将鼠标指针悬停在需要应用的模板上，然后单击"使用模板"按钮，如图1-71所示。界面将提示下载进度，如图1-72所示。

图1-71 　　　　　　　　　　　　　　　　图1-72

步骤 03 下载完成后，即可进入视频编辑界面，如图1-73所示，在时间线区域会提示用户需要选择几段素材，以及视频素材或图像素材所需的时长。

图1-73

步骤 04 在时间线区域单击"添加"按钮，如图1-74所示。打开"请选择媒体资源"对话框，打开素材所在的文件夹，选择需要使用的视频素材，选择后单击"打开"按钮，如图1-75所示。

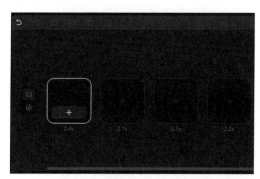

图1-74

图1-75

步骤 05 素材被添加至时间线区域，如图1-76所示。参照步骤04的操作方法，在时间线区域添加余下素材，如图1-77所示。

图1-76

图1-77

步骤 06 在时间线区域选中第3段素材，单击工具栏中的"裁剪"按钮▣，如图1-78所示。打开"修剪视频"对话框，拖动裁剪框选择视频显示区域，然后单击"替换片段"按钮，如图1-79所示。

图1-78   图1-79

步骤 07 参照步骤06的操作方法对余下3段素材进行调整。

步骤 08 在界面右上角的文本功能区中单击选择"第6段文本"，如图1-80所示。将文本框中的"时光记录"修改为"清晨时光"，如图1-81所示。

步骤 09 完成以上操作后，单击界面右上角的"导出"按钮，将视频导出至指定位置。

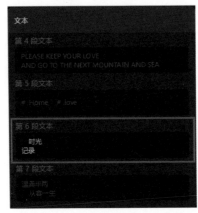

图1-80   图1-81

1.5.2 操作题：将云端项目下载至专业版

在剪映App中将剪辑项目上传至云端之后，用户可以在云端将剪辑项目下载至剪映专业版中，对该项目进行二次加工。本习题讲解将云端项目下载至剪映专业版中的操作方法。

步骤 01 启动剪映专业版软件，在首页界面中单击"我的云空间"选项，如图1-82所示。

图1-82

步骤02 进入云空间，单击项目缩览图中的"下载"按钮，如图1-83所示。

图1-83

步骤03 在界面弹出的"确定下载到本地？"对话框中单击"确定"按钮，如图1-84所示。

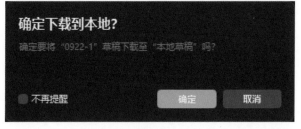

图1-84

步骤04 单击切换至首页界面，可以看到该项目已经下载至草稿箱中，如图1-85所示。

图1-85

第 **2** 章

剪映基础操作

　　本章将讲解剪映的一些基础操作，主要介绍添加素材、分割素材、替换素材、调换素材顺序、复制与删除素材、视频比例设置、视频倒放及视频画面定格等基本操作方法，为后续的学习奠定良好的基础。

学习要点
- 添加素材的方法
- 轨道的基本操作
- 剪辑工具的使用

2.1 添加素材的基本方法

添加素材是视频编辑处理的基本操作，也是新手用户需要优先学习的内容。下面将详细讲解在剪映中添加素材的基本方法。

2.1.1　案例：制作夏日旅行相册

本案例将使用本地素材和剪映素材库中的素材制作夏日相册，帮助读者掌握添加素材的基本方法。下面介绍具体的操作方法，效果如图2-1所示。

图2-1

图2-2

步骤 01 打开剪映App，在素材添加界面选择6张图像素材，如图2-2所示，选择好后，点击"添加"按钮。

步骤 02 进入视频编辑界面，选中第1段素材，将其右侧的白色边框向左拖曳，使其持续时长缩短至1s，如图2-3所示。

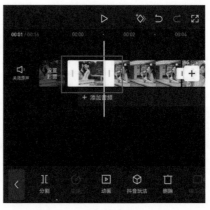

图2-3

步骤 03 参照步骤02的操作方法，将余下素材的持续时长均调整至1s，如图2-4所示。将时间指示器移至视频的起始位置，点击轨道区域右侧的 + 按钮，如图2-5所示。

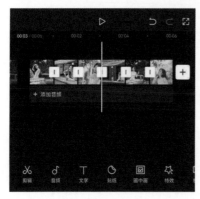 

图2-4   图2-5

步骤 04 进入素材添加界面，点击切换至剪映素材库。在片头选项中选择图2-6中的素材，点击"添加"按钮，将其添加至剪辑项目中，并将其时长缩短至2s，如图2-7所示。

图2-6   图2-7

图2-8

步骤 05 将时间指示器移至视频的尾端,点击轨道区域右侧的 ⊞ 按钮,进入素材添加界面。点击切换至剪映素材库,在片尾选项中选择图2-8中的素材,点击"添加"按钮,将其添加至剪辑项目中,如图2-9所示。

步骤 06 完成以上操作后,点击界面右上角的"导出"按钮,将视频保存至相册。

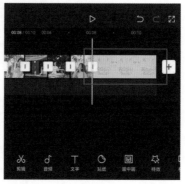

图2-9

2.1.2 添加本地素材

在使用剪映进行后期编辑工作之前,需要先将素材导入时间线区域,才能对素材进行分割、删除、定格、变速等一系列操作。下面将介绍在剪映中添加本地素材的操作方法。

打开剪映App,在主界面点击"开始创作"按钮 ⊞,打开手机相册,用户可以在该界面中选择一个或多个视频或图像素材,完成选择后,点击底部的"添加"按钮,如图2-10所示。进入视频编辑界面,可以看到选择的素材分布在同一条轨道上,如图2-11所示。

图2-10

图2-11

2.1.3 添加素材库中的素材

在剪映App中，用户除了可以添加手机相册中的视频和图像素材，还可以添加剪映素材库中的视频素材及图像素材。在剪映的素材添加界面中，点击切换至剪映内置的素材库，可以看到剪映提供的"转场""故障动画""空镜""情绪爆梗""氛围"等不同类别的素材，灵活运用这些素材，可以打造出更丰富的视觉效果。

素材库的素材添加方法与本地素材的添加方法是一样的，用户可以直接在素材库中选择一个或多个素材，完成选择后，点击"添加"按钮，如图2-12所示，进入视频编辑界面，可以看到所选的素材已经添加至剪辑项目中，如图2-13所示。

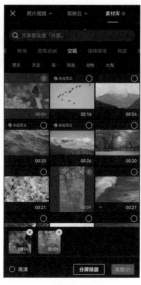

图2-12

图2-13

2.1.4 同一轨道添加新素材

如果用户在剪辑过程中，需要在同一轨道上添加新素材，可以将时间指示器拖至指定位置，然后点击轨道区域右侧的+按钮，如图2-14所示。接着在素材添加界面中选择需要的素材，点击"添加"按钮，如图2-15所示。

所选素材将自动添加至剪辑项目中，并衔接在时间指示器的后方，如图2-16所示。在添加素材的过程中，若时间指示器位于一段素材的前端，则新增素材会衔接在该段素材的前方；若时间指示器停靠的位置靠近一段素材的后端，则新增素材会衔接在该段素材的后方。

图2-14　　　　　　图2-15　　　　　　图2-16

2.1.5　设置出入点选取素材

在剪映专业版中添加素材的时候，除了可以通过拖曳的方式将整段素材添加至视频轨道上，还可以为素材设置入点和出点，将素材的某一部分添加至视频轨道上。下面将介绍具体的操作方法。

步骤 01 启动剪映专业版软件，在首页界面中单击"开始创作"按钮 开始创作 ，如图2-17所示。

步骤 02 进入视频编辑界面，此时已经创建了一个视频剪辑项目，单击"导入"按钮 导入 ，如图2-18所示。

图2-17

图2-18

步骤 03 在打开的"请选择媒体资源"对话框中，打开素材所在的文件夹，选择需要使用的视频素材，单击"打开"按钮，如图2-19所示。

步骤 04 选择的素材被导入剪映软件的本地素材库中，如图2-20所示。

图2-19

图2-20

步骤 05 在素材的起始位置（即00:00:00:00处）按I键，添加一个入点。单击"播放"按钮▶播放视频素材，至00:00:04:28处时，按O键，添加一个出点，如图2-21所示。

图2-21

步骤06 在本地素材库中，选择设置好的素材，按住鼠标左键，将其拖入时间线区域，而后释放鼠标左键，即可将入点和出点之间时段的素材添加至视频轨道上，如图2-22所示。

图2-22

2.2 在轨道中编辑素材

在视频剪辑的过程中，绝大多数时间都是在处理轨道。因此，掌握对轨道进行简单操作的方法，就算迈出了制作视频后期的第一步。

2.2.1 案例：制作美食混剪短片

本案例将制作一条美食混剪短片，帮助读者掌握在轨道中编辑素材的方法。下面介绍具体的操作，效果如图2-23所示。

图2-23

步骤01 打开剪映App，在素材添加界面选择6段关于美食的视频素材，如图2-24所示。选择好后，点击"添加"按钮。

步骤02 进入视频编辑界面，选中第1段素材，将其右侧的白色边框向左拖曳，使其持续时长缩短至2.5s，如图2-25所示。

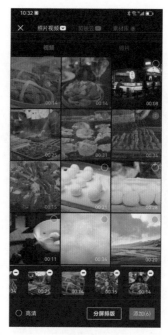

图2-24

图2-25

步骤03 参照步骤02的操作方法，对余下素材的时长进行调整，如图2-26所示。点击视频轨道左侧的"关闭原声"按钮 🔊，如图2-27所示，对视频素材进行静音处理。

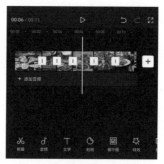

图2-26

图2-27

步骤04 在时间线区域长按第5段素材，如图2-28所示。将其拖曳到第4段素材的前方，即可调换两段素材的顺序，如图2-29所示。

步骤05 完成以上操作后，点击界面右上角的"导出"按钮，将视频保存至相册。

图2-28

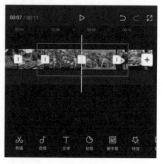

图2-29

2.2.2 调节素材时长

在后期剪辑时，经常会出现需要调整素材时长的情况，此时用户可以在轨道中选中素材快速调节，具体操作如下。

选中需要调节时长的视频片段，拖动左侧或右侧的白色边框，即可增加或缩短视频片段的时长。拖动时，视频片段的时长会在左上角显示，如图2-30和图2-31所示。

图2-30

图2-31

提示

在剪映中调整视频片段时长的时候需要注意，无论是延长还是缩短素材都需要保证在有效范围内，即在延长素材的时长时不可以超过素材本身的时间长度，也不可以过度缩短素材。

2.2.3 调换素材顺序

利用时间线区域中的轨道，可以快速调整多段视频的排列顺序，具体操作如下。

在时间线区域中，双指相向滑动，将轨道区域缩小，让每一段视频都能显示在编辑界面中，如图2-32所示。然后长按需要调整位置的视频片段，将其拖曳到目标位置，如图2-33所示。当手指离开屏幕后，就完成了视频素材顺序的调整，如图2-34所示。

图2-32

图2-33

图2-34

这种方法也可以调整其他轨道上的素材顺序或者改变素材所在的轨道。如果想要更换图2-35所示的两个音频轨道的顺序，可以长按第一条音频轨道，将其移动至第二条音频轨道的下方，如图2-36所示。

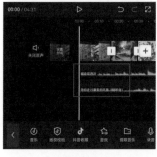

图2-35

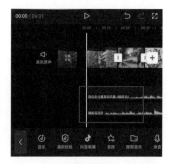

图2-36

2.3 使用剪辑工具编辑视频

剪映的工具栏中有很多可以帮助用户编辑视频的剪辑工具，合理地运用这些工具，可以极大地提高工作效率，从而制作出精彩有趣的短视频。

2.3.1 案例：制作毕业纪念短片

本案例将制作一条毕业纪念短片，帮助读者掌握使用剪辑工具编辑视频的方法。下面介绍具体的操作方法，效果如图2-37所示。

图2-37

步骤 01 打开剪映App，在素材添加界面选择一段关于毕业的视频素材，点击"添加"按钮。

步骤 02 进入视频编辑界面，将时间指示器移至00:03处，选中素材，点击底部工具栏中的"分割"按钮，如图2-38所示，再点击"删除"按钮，如图2-39所示，将分割出的后半段素材删除。

图2-38

图2-39

步骤 03 在时间线区域选中素材，点击底部工具栏中的"复制"按钮，如图2-40所示，在轨道中复制出一段一模一样的素材，如图2-41所示。

图2-40

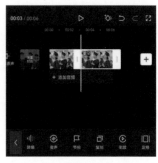
图2-41

步骤 01 参照步骤03的操作方法，在时间线区域再复制出3段素材，如图2-42所示。

步骤 05 在时间线区域选中第2段素材，点击底部工具栏中的"替换"按钮，如图2-43所示。

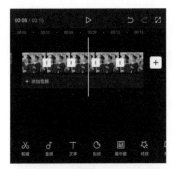

图2-42　　　　　　　　图2-43

步骤 06 进入素材选取界面，如图2-44所示，点击需要使用的素材，预览画面，并拖动界面下方的白框选择视频显示区域，点击"确认"按钮，如图2-45所示。

图2-44　　　　　　　　图2-45

步骤 07 第2段素材被替换为新的素材片段，如图2-46所示。参照步骤05和步骤06的操作方法，将后面3段素材均替换为新的素材，如图2-47所示。

图2-46　　　　　　　　图2-47

步骤08 将时间指示器移至视频的起始位置，点击轨道区域右侧的 + 按钮，如图2-48所示。进入素材添加界面，选择一段片头素材，点击"添加"按钮，将其添加至剪辑项目中，并参照步骤02的操作方法对素材进行剪辑，如图2-49所示。

步骤09 完成以上操作后，点击界面右上角的"导出"按钮，将视频保存至相册。

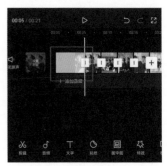

图2-48　　　　　　　　　　　图2-49

2.3.2　分割并删除素材

在导入一段素材后，往往需要截取出其中需要的部分。当然，选中视频片段然后拖动"白框"同样可以实现截取片段的目的，但在实际操作过程中，该方法的精确度不是很高。因此，如果需要精确截取片段，最好的办法就是使用"分割"功能。

"分割"功能的使用方法很简单，首先将时间指示器移至需要进行分割的时间点，如图2-50所示，接着选中需要进行分割的素材，在底部工具栏中点击"分割"按钮 ，即可将选中的素材在时间线的位置一分为二，如图2-51和图2-52所示。

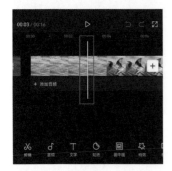

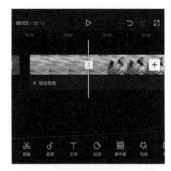

图2-50　　　　　　　　　图2-51　　　　　　　　　图2-52

分割后剪映将自动选中分割出来的后半段素材，在底部工具栏中点击"删除"按钮 ，即可将后半段素材删除，如图2-53和图2-54所示。

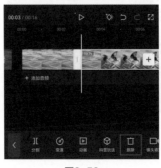
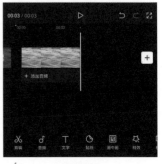

图2-53　　　　　　　　　图2-54

2.3.3 替换素材

替换素材是视频剪辑的一项必备技能。在进行视频编辑处理时，如果对某个部分的画面效果不满意，而直接删除该素材会对整个剪辑项目产生影响，那么可以使用"替换"功能在不影响剪辑项目的情况下换掉不满意的素材。

在时间线区域中，选中需要进行替换的素材片段，在底部工具栏中点击"替换"按钮◻️，进入素材选取界面，如图2-55和图 2-56所示。

图2-55

图2-56

在素材选取界面中点击需要使用的素材，预览画面，并拖动界面下方的白框选择视频显示区域，如图2-57所示。点击"确认"按钮，即可替换素材，如图2-58所示。

提示

如果替换的素材没有铺满画布，可以选中素材，然后在预览区域中通过双指缩放，调整画面大小。若替换的是视频素材，那么选择的新素材时长不能短于被替换的素材。

图2-57

图2-58

2.3.4 复制素材

如果在视频编辑过程中需要多次使用同一个素材，重复导入素材势必是一件比较麻烦的事情，而通过复制素材的操作可以有效地节省工作时间。

在项目中导入一段素材，在该素材处于选中状态时，点击底部工具栏中的"复制"按钮，即可在时间线区域复制出一段同样的素材，如图2-59和图2-60所示。

图2-59　　　　　　　　　　　　图2-60

剪映的"复制"功能不但可以复制素材，还能复制特效、滤镜、贴纸等效果片段，操作方法与复制素材的方法一致。以图2-61中的特效为例，在时间线区域选中该特效，点击底部工具栏中的"复制"按钮，即可在时间线区域复制出一段同样的特效片段，如图2-62所示。

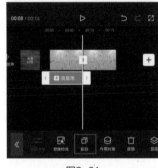

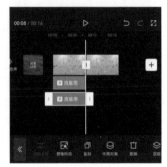

图2-61　　　　　　　　　　　　图2-62

> **提示**
>
> 在剪映中不仅可以按照复制素材的方式复制特效、滤镜和贴纸等效果片段，而且可以按照调整素材位置和时长的方式，调整添加的特效、滤镜、贴纸等效果片段的位置和时长。

2.3.5　倒放视频

所谓"倒放"功能，就是让视频从后往前播放。当视频记录的是一些随时间发生变化的画面时，如花开花落、日出日落等，应用此功能可以营造出一种时光倒流的视觉效果。

在剪映中导入一段视频素材，进入视频编辑界面，点击底部功能工具栏中的"剪辑"按钮，如图2-63所示，在界面下方的工具栏中向左滑动，找到并点击"倒放"按钮，如图2-64所示。在视频编辑界面点击按钮预览素材效果，可以看到视频以倒放的形式进行播放。

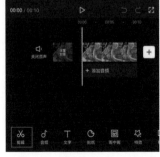

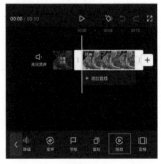

图2-63　　　　　　　　　　　　图2-64

2.3.6　定格画面

　　定格功能可以将一段视频中的某个画面"凝固"，从而起到突出某个瞬间效果的作用。另外，如果一段视频中多次出现定格画面，并且其时间点与音乐节拍相匹配，可让视频具有律动感。

　　打开剪映，在主界面点击"开始创作"按钮，进入素材添加界面，选择一段视频素材添加至剪辑项目中。进入视频编辑界面，点击"播放"按钮预览素材效果，如图2-65所示。通过预览素材确定定格的时间点。在时间线区域中，双指相背滑动，将轨道区域放大，如图2-66所示。

图2-65　　　　　　　　　　　　　　图2-66

　　将时间指示器移动至第7s的第10帧位置，如图2-67所示。在时间线区域选中素材，点击底部工具栏中的"定格"按钮，如图2-68所示。

　　轨道中将生成一段时长为3s的静帧画面，同时视频片段的时长也由21s变成了24s，如图2-69所示。

　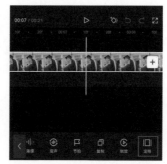　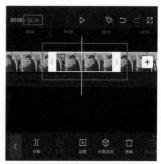

图2-67　　　　　　　　　　图2-68　　　　　　　　　　图2-69

2.4 课后习题

本章介绍了剪映的一些基础操作和常用的剪辑工具，下面将通过课后习题帮助读者巩固所学知识。

2.4.1 操作题：制作时光回溯效果

由于"倒放"功能可以让视频从后往前播放，所以经常使用此功能制作时光回溯的效果，如图2-70所示。

图2-70

步骤01 打开剪映App，在素材添加界面选择一段"杯子破碎"的视频添加至剪辑项目中，将时间指示器定位至杯子破碎的位置，选中素材，点击底部工具栏中的"分割"按钮ⅠⅠ，再点击"删除"按钮，将分割出的后半段素材删除，如图2-71和图2-72所示。

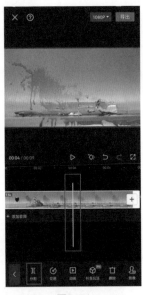
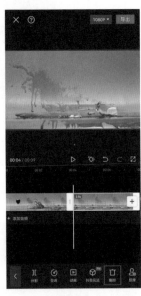

图2-71　　　　　　　　图2-72

步骤02 将时间指示器定位至视频的尾端，选中素材，点击底部工具栏中的"复制"按钮，如图2-73所示。选中复制出的素材，点击底部工具栏中的"倒放"按钮，如图2-74所示。

步骤03 完成以上操作后，点击界面右上角的"导出"按钮，将视频保存至相册。

图2-73　　　　　　　　　　　　　　　　　　图2-74

2.4.2　操作题：制作古风旅拍短片

优秀的旅拍短片能够让观众通过镜头感受到旅行地优美的自然风光和丰富的人文情怀，同时沉浸到创作者游玩时的情绪中。本习题将制作一条古风旅拍短片，效果如图2-75所示。

图2-75

步骤01 启动剪映专业版软件，将素材01导入本地素材库中，并将其拖曳至时间线区域，将时间指示器移至00:00:02:18处，单击工具栏中的"分割"按钮⚊，如图2-76所示。

步骤02 单击工具栏中的"删除"按钮🗑，如图2-77所示，将分割出来的后半段素材删除。

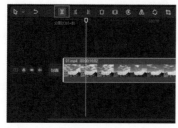 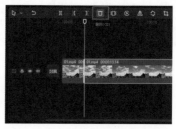

图2-76　　　　　　　　　　　　　　　　　　图2-77

步骤03 选中素材01，单击鼠标右键，弹出快捷菜单，选择"复制"命令，如图2-78所示。

步骤04 将时间指示器移至素材01的尾端，在轨道的空白处单击鼠标右键，弹出快捷菜单，选择"粘贴"命令，如图2-79所示。

图2-78   图2-79

步骤05 在素材01的右上方复制出一段一模一样的素材，如图2-80所示。

步骤06 在时间线区域选中复制的素材，将其向下拖曳，置于素材01的后方，如图2-81所示。

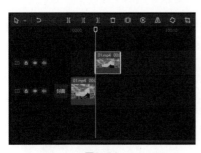

图2-80   图2-81

步骤07 参照步骤03至步骤06的操作方法，在时间线区域再复制4段素材，如图2-82所示。

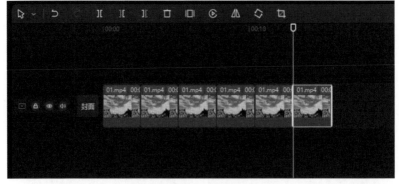

图2-82

步骤08 选中时间线区域中的第2段素材，单击鼠标右键，弹出快捷菜单，选择"替换片段"命令，如图2-83所示。

步骤09 在打开的"请选择媒体资源"对话框中选择素材02，单击"打开"按钮，如图2-84所示。

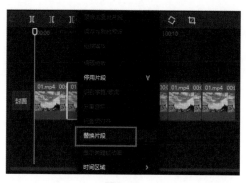 

图2-83　　　　　　　　　　　　　　　图2-84

步骤 10　在"替换"对话框中单击"替换片段"按钮，如图2-85所示。

步骤 11　参照步骤08至步骤10的操作方法，将余下素材分别替换为素材03、素材04、素材05、素材06，如图2-86所示。

步骤 12　完成以上操作后，单击界面右上角的"导出"按钮，将视频导出至指定位置。

图2-85

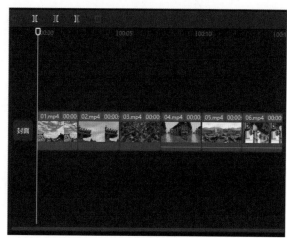

图2-86

第 **3** 章

剪映的进阶功能

第2章介绍了剪映的一些基础操作，这些知识已经可以满足用户的一些基本剪辑需求，制作出一个简单的短视频。但是如果想要制作出更出彩的视频，打造更丰富的画面效果，还要使用剪映的一些进阶功能，如曲线变速、美颜美体、镜像效果等。

学习要点

● 掌握"比例"和"编辑"功能
● 掌握"背景"功能
● 掌握"美颜美体"功能
● 掌握"变速"功能

3.1 认识"比例"和"编辑"功能

在剪映中,用户使用"比例"功能可以实现横屏视频与竖屏视频的切换,使用"编辑"功能可以对素材画面进行"二次构图",剪映的编辑选项栏中包含"裁剪""旋转""镜像"3个选项。

3.1.1 案例:制作盗梦空间效果

本案例将使用城市夜景视频来制作盗梦空间效果,帮助读者掌握"编辑"功能的使用方法。下面介绍具体的操作,效果如图3-1所示。

图3-1

步骤 01 打开剪映App,在素材添加界面选择一段城市夜景的视频素材添加至剪辑项目中。点击底部工具栏中的"比例"按钮█,选择9:16,如图3-2和图3-3所示。

图3-2

图3-3

步骤 02 点击"画中画"按钮█,再点击"新增画中画"按钮█,如图3-4和图3-5所示,进入素材添加界面,导入同一段视频素材。

图3-4

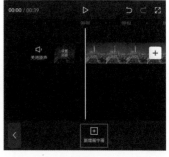

图3-5

步骤 03 在时间线区域选中画中画素材,点击"编辑"按钮◫,如图3-6所示,进入编辑选项栏,再点击"镜像"按钮◭,如图3-7所示。

图3-6   图3-7

步骤 04 在编辑选项栏中点击两次"旋转"按钮◈,如图3-8所示。旋转后,预览区域的画面如图3-9所示。

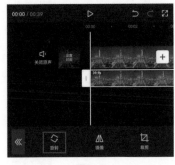

图3-8   图3-9

步骤 05 在预览区域将画中画素材放大移动至显示区域的上方,将原视频移动至显示区域的下方,如图3-10所示。

步骤 06 完成以上操作后,点击"导出"按钮,将视频保存至相册。

图3-10

3.1.2 设置比例

剪映为用户提供了多种画幅比例,用户可以根据自身的视觉习惯和画面内容进行选择。在未选中任何素材的状态下,点击底部工具栏中的"比例"按钮▣,打开比例选项栏,可以看到多个比例选项,如图3-11和图3-12所示。

图3-11

图3-12

在比例选项栏中点击任意一个比例选项，即可在预览区域中看到相应的画面效果。如果没有特殊的视频制作要求，建议大家选择9∶16或16∶9这两种，如图3-13和图3-14所示，因为这两种比例更加符合常规短视频平台的上传要求。

图3-13

图3-14

3.1.3 裁剪画面

视频的编辑总是离不开画面调整这个步骤，因为在拍摄的画面中，难免会出现一些多余的内容，这时就需要在后期剪辑时进行调整，使整个画面更协调。

在时间线区域选中需要进行裁剪的素材，然后在底部工具栏中点击"编辑"按钮，打开编辑选项栏，点击"裁剪"按钮，如图3-15和图3-16所示。

图3-15

图3-16

剪映中的"裁剪"功能包含了几种不同的裁剪模式，选择不同的裁剪比例，可以将画面裁剪出不同的效果，如图3-17至图3-19所示。

裁剪选项下方分布的刻度线可以用来调整旋转角度，拖动滑块可以使画面顺时针或逆时针旋转，如图3-20所示。在完成画面的裁剪操作后，点击右上角的"保存"按钮可以保存操作；若不满意裁剪效果，可点击左下角的"重置"按钮。

图3-17

图3-18

图3-19

图3-20

> **提示**
>
> 用户在进行裁剪操作时，可以在"自由"模式下拖动裁剪框的一角，将画面裁剪为任意比例大小；在其他模式下，也可以通过拖动裁剪框改变区域的大小，但裁剪比例不会发生改变。

3.1.4 旋转画面

在时间线区域选中需要进行旋转的素材，点击底部工具栏中的"编辑"按钮，然后在编辑选项栏中点击"旋转"按钮，即可对画面进行顺时针旋转。与手动调整不同的是，使用"编辑"功能旋转画面不会改变画面的大小，如图3-21和图3-22所示。

图3-21

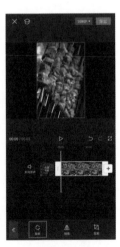

图3-22

3.1.5 镜像效果

　　剪映的"镜像"功能可以轻松地将素材画面进行翻转，其操作方法也很简单。在轨道区域中选中需要进行翻转的素材，然后在底部工具栏中点击"编辑"按钮，接着在编辑选项栏中点击"镜像"按钮，即可将素材画面进行镜像翻转，如图3-23和图3-24所示。

图3-23　　　　　　　　图3-24

3.1.6 手动调整画面

　　在剪映中手动调整画面很方便，用户可以任意调整画面大小或对画面进行旋转。这种方式能有效帮助用户节省操作时间。

1. 手动调整画面大小

　　在轨道区域中选中需要调整的素材，然后在预览区域中通过双指开合来调整画面。双指相背滑动，可以将画面放大；双指相向滑动，可以将画面缩小，如图3-25和图3-26所示。

图3-25　　　　　　　　图3-26

2. 手动旋转视频画面

在时间线区域选中素材，然后在预览区域中通过双指旋转操控完成画面的旋转，双指的旋转方向即画面的旋转方向，如图3-27和图3-28所示。

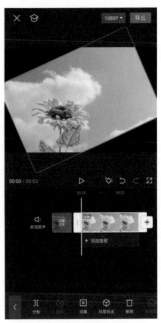

图3-27

图3-28

3.1.7　在预览区中调整素材

无论是在剪映App还是在剪映专业版中，"旋转"功能都只能对画面进行顺时针方向上的90°旋转。如果想对画面进行任意角度的旋转，在剪映App中可以选择手动旋转，在剪映专业版中则可以通过操控按钮⊙来旋转画面。用户只需在时间线区域选中需要进行旋转的素材，然后在预览区中将鼠标指针置于⊙按钮上，按住鼠标左键拖曳，即可对素材进行旋转，如图3-29和图3-30所示。

图3-29

图3-30

3.2　"背景"功能

在进行视频编辑工作时，若素材画面没有铺满画布，就会对视频观感产生影响。在剪映中，用户可以通过"背景"功能来添加彩色画布、模糊画布或自定义图案画布，以达到丰富画面效果的目的。

3.2.1 案例：制作动态模糊背景

本案例将为视频制作动态模糊背景，帮助读者掌握"比例"和"背景"功能的使用方法。下面介绍具体的操作，效果如图3-31所示。

步骤01 打开剪映App，在素材添加界面选择一段风景视频添加至剪辑项目中，点击底部工具栏中的"比例"按钮■，如图3-32所示。打开比例选项栏，选择9:16选项，如图3-33所示，完成操作后点击右下角的✓按钮。

图3-31   图3-32   图3-33

步骤02 在未选中素材的状态下，点击底部工具栏中的"背景"按钮▨，如图3-34所示。打开背景选项栏，点击"画布模糊"按钮◐，如图3-35所示。在打开的模糊选项栏中选择第2个选项，如图3-36所示。

步骤03 完成以上操作后，点击"导出"按钮，将视频保存至相册。

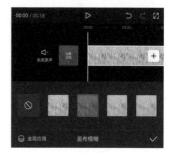

图3-34   图3-35   图3-36

提示

使用"背景"功能时，不需要手动选中素材，只需要将时间指示器定位至某一段素材上，点击"背景"按钮之后将自动选中该素材。

3.2.2 画布颜色

设置视频比例之后，在未选中素材的状态下，视频背景默认为黑色。用户若想更换背景颜色，可以通过"背景"功能来实现。在未选中任何素材的状态下，点击底部工具栏中的"背景"按钮 ▨，如图3-37所示，打开背景选项栏，点击其中的"画布颜色"按钮 ▨，如图3-38所示。

接着，在打开的画布颜色选项栏中点击任意颜色，即可将其应用到画布，如图3-39和图3-40所示，选择颜色后点击右下角的 ✔ 按钮即可。

图3-37

图3-38

图3-39

图3-40

 若想为画布统一设置颜色，可以在选择颜色后，点击"全局应用"按钮 ▤。

3.2.3 画布样式

在剪映中，用户除了可以为素材设置纯色画布，还可以应用画布样式营造个性化效果。应用画布样式的方法很简单，在未选中素材的状态下，点击底部工具栏中的"背景"按钮 ▨，如图3-41所示。接着在打开的背景选项栏中点击"画布样式"按钮 ▦，如图3-42所示。在打开的画布样式选项栏中点击任意一种样式，即可将其应用到画布，如图3-43所示。

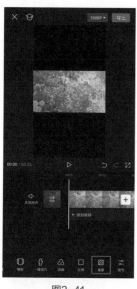
图3-41

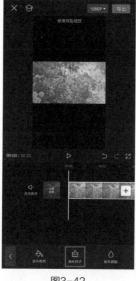
图3-42

图3-43

3.2.4　画布模糊

前面为大家介绍的两类画布均为静态效果。若用户在添加了视频素材后，想让画布背景跟随画面产生动态效果，则可以通过设置画布模糊来起到丰富画面、增强画面动感的作用。

在剪映中导入一段视频素材，在未选中任何素材的状态下，点击底部工具栏中的"背景"按钮，如图3-44所示。接着在打开的背景选项栏中点击"画布模糊"按钮，如图3-45所示。在打开的画布模糊选项栏中，可以看到剪映为用户提供了4种不同的模糊效果，点击任意一个效果即可将其应用到项目，如图3-46所示。

图3-44

图3-45

图3-46

3.3 认识"美颜美体"功能

"美颜美体"是"美颜"功能和"美体"功能的组合名称,其中"美颜"包含"美颜""美型""美妆"和"手动精修"4个选项,"美体"包含"智能美体"和"手动美体"两个选项。

3.3.1 案例:为人物美颜瘦身

本案例将为人物美颜瘦身,帮助读者掌握"美颜美体"功能的使用方法。下面介绍具体的操作,效果如图3-47所示。

图3-47

步骤01 打开剪映App,在素材添加界面选择一段森林女孩的视频添加至剪辑项目中。将时间指示器移至00:01处(即视频画面中人物脸部露出的时刻),选中素材,点击底部工具栏中的"美颜美体"按钮⬜,如图3-48所示,打开美颜美体选项栏,点击其中的"美颜"按钮⬜,如图3-49所示。

图3-48

图3-49

步骤02 打开美颜选项栏,剪映将自动捕捉放大人物的脸部。点击"磨皮"图标,并拖曳界面底部的白色滑块,将数值设置为60,如图3-50所示。

步骤03 点击"美白"图标,并拖曳界面底部的白色滑块,将数值设置为84,如图3-51所示。

步骤04 点击切换至美型选项栏,再点击其中的"瘦脸"图标,并拖曳界面底部的白色滑块,将数值设置为60,如图3-52所示,完成操作后点击✓按钮。

| 图3-50 | 图3-51 | 图3-52 |

步骤05 将时间指示器移至00:02处（即视频画面中人物身体露出的时刻），点击底部工具栏中的"美体"按钮 🧍，如图3-53所示。

步骤06 打开默认的智能美体选项栏，点击其中的"瘦腰"图标，并拖曳界面底部的白色滑块，将数值设置为66，如图3-54所示。

步骤07 点击"小头"图标，并拖曳界面底部的白色滑块，将数值设置为36，如图3-55所示。

步骤08 完成以上操作后，即可点击"导出"按钮，将视频保存至相册。

| 图3-53 | 图3-54 | 图3-55 |

3.3.2 "美颜"功能

剪映中的"美颜"功能主要是对人物的脸部进行修饰。在剪映中导入一段需要进行美颜的素材，在时间线区域选中该素材，将时间指示器移至00:03（即视频画面中人物脸部露出的时刻），点击底部工具栏中的"美颜美体"按钮，如图3-56所示，打开美颜美体选项栏，点击"美颜"按钮，如图3-57所示。

图3-56

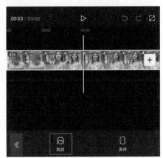

图3-57

进入默认的美颜选项栏后，可以看到"匀肤""丰盈""磨皮""肤色""祛法令纹"等选项，如图3-58所示。假设需要为人物美白，可点击"美白"图标，并拖曳界面底部的白色滑块，调整美白效果的强弱，如图3-59所示。

图3-58

图3-59

点击切换至美型选项栏，可以看到里面根据人物的面部、眼部、鼻子、嘴巴等部位设置了细分的选项。当"瘦脸"图标显示为红色时，表示目前正处于瘦脸状态，拖曳白色滑块，即可调整瘦脸效果的强弱，如图3-60所示。

点击切换至美妆选项栏，其提供了"套装""口红""睫毛"和"眼影"4个选项，当"套装"选项显示为红色时，表示目前正处于该选项栏，点击其中任意一个效果，即可为人物添加美妆效果，如图3-61所示。

点击切换至手动精修选项栏，里面只有"手动瘦脸"选项。拖曳白色圆圈滑块，即可调整瘦脸效果的强弱，如图3-62所示。

图3-60　　　　　　　　　　　图3-61　　　　　　　　　　　图3-62

3.3.3 "美体"功能

剪映的"美体"功能主要是对人物的身形进行修饰。在剪映中导入一段需要进行美体的素材，在时间线区域选中该素材，点击底部工具栏中的"美颜美体"按钮⬚，打开美颜美体选项栏，点击"美体"按钮⬚，如图3-63和图3-64所示。

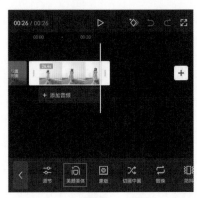 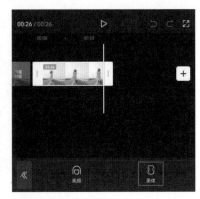

图3-63　　　　　　　　　　　图3-64

进入默认的智能美体选项栏后，可以看到"宽肩""瘦手臂""天鹅颈""瘦身""长腿""瘦腰"等选项，如图3-65所示。假设需要为人物瘦身，可点击"瘦身"图标，并拖曳界面底部的白色滑块，调整瘦身效果的强弱，如图3-66所示。

图3-65

图3-66

点击切换至手动美体选项栏后，可以看到"拉长""瘦身瘦腰""放大缩小"3个选项。当"拉长"图标显示为红色时，在预览区域移动黄色线条，选择需要拉长的部位，拖曳底部的白色圆圈滑块，即可将人物被选取的部位拉长，如图3-67所示。

同理，点击"瘦身瘦腰"图标，在预览区域移动黄色线条，选择需要进行调整的部位。拖曳底部的白色圆圈滑块，即可让人物被选取的部位变窄或变宽，如图3-68所示。

图3-67

图3-68

3.4 认识"变速"功能

当录制一些运动中的景物时，如果运动速度过快，那么通过肉眼难以清楚观察到每一个细节。此时可以使用"变速"功能来降低画面中景物的运动速度，形成慢动作效果，从而令每一个瞬间都能清楚呈现。而对于一些变化太过缓慢，或者单调、乏味的画面，则可以通过"变速"功能适当加快播放速度，形成快动作效果，从而让视频更生动。另外，通过曲线变速功能，还可以让画面的快与慢形成一定的节奏感，从而大幅度提升观看体验。

3.4.1 案例：制作曲线变速大片

本案例将制作曲线变速效果，帮助读者掌握"变速"功能的使用方法。下面介绍具体的操作，画面效果如图3-69所示。

图3-69

步骤01 打开剪映App，在素材添加界面选择一段女孩奔跑的视频添加至剪辑项目中。在时间线区域选中视频素材，点击底部工具栏中的"变速"按钮 ，如图3-70所示，打开变速选项栏，点击其中的"常规变速"按钮 ，如图3-71所示。

图3-70

图3-71

步骤 02 在底部浮窗中拖动变速滑块，将数值设置为0.9x后点击 ✓ 按钮，如图3-72所示。返回变速选项栏，点击其中的"曲线变速"按钮 ∿，如图3-73所示。

步骤 03 打开曲线变速选项栏，选择"英雄时刻"选项，如图3-74所示，应用该变速预设。

步骤 04 完成以上操作后，点击"导出"按钮，将视频保存至相册。

图3-72

图3-73

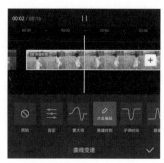

图3-74

3.4.2 调快/调慢视频播放速度

剪映中的常规变速是对所选视频素材进行统一的调速，在时间线区域选中需要进行变速处理的视频素材，点击底部工具栏中的"变速"按钮 ⊘，如图3-75所示。此时可以看到底部工具栏中有两个变速选项，如图3-76所示。

点击"常规变速"按钮 ⌞，可打开对应的变速选项栏，如图3-77所示。一般情况下，视频素材的原始倍速为1x，拖动变速滑块可以调整视频的播放速度。当数值大于1x时，视频的播放速度变快；当数值小于1x时，视频的播放速度变慢。

当用户拖动变速滑块时，素材左上方会显示当前视频倍速，并且视频素材的左上角也会显示倍速，如图3-78所示。完成变速调整后，点击右下角的 ✓ 按钮即可保存操作。

图3-75

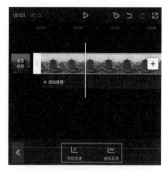

图3-76

图3-77

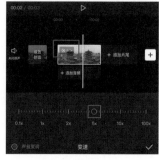

图3-78

> **提示**
>
> 需要注意的是，当用户对素材进行常规变速操作时，素材的长度也会发生相应的变化。简单来说，就是当倍速数值增加时，视频的播放速度会变快，素材的持续时间会变短；当倍速数值减小时，视频的播放速度会变慢，素材的持续时间会变长。

3.4.3　曲线变速自带的6种预设

曲线变速不同于只能直线加速或直线放慢的常规变速效果，它可以让画面同时呈现加速和放慢的效果，像绵延的山脉一样，既有山峰也有山谷。

打开剪映App，点击"变速"按钮⊘，打开变速选项栏，再点击"曲线变速"按钮～，打开曲线变速选项栏，如图3-79所示。其中"原始"表示恢复到原始素材的播放速度，"自定"表示可以自定义曲线的波峰和波谷，"蒙太奇""英雄时刻""子弹时间""跳接""闪出""闪进"曲线变速自带的6种预设，用户选择其中一种，应用后依然可以进行自定义调节。

图3-79

"蒙太奇"通常用于大范围的运动镜头，如图3-80所示。如果要实际拍摄这个运动镜头，则需要借助无人机或者手机稳定器，而曲线变速工具让用户无须进行这样的操作。

图3-80

"英雄时刻"常用于纵深感强的长镜头，如图3-81所示。

图3-81

"子弹时间"常用于围绕中心主体环绕的运动镜头，如图3-82所示，也用于强调某个动作放慢带来的视觉冲击。通常视频的开头和结尾速度快，对于连续镜头可以使用"子弹时间"或"快接快"，实现前后镜头的无缝衔接或转场。

图3-82

"跳接"用于减少被摄主体在画面中运动的时间，如旋转仰拍大门，"跳接"虽然可以突出被摄主体，但需要减少人走到大门这一拍摄过程的时间，在前后镜头连续使用时，则是"慢接慢"。

"闪出"通常用于上一个镜头的结尾，"闪进"通常用于下一个镜头的开始，也是"快接快"。在剪辑时，常组合使用"闪出+闪进"，让前后镜头像一镜到底般连贯，实现不被观众发现的无痕迹转场。

3.4.4　曲线变速的"自定"选项

"自定"也叫手动模式，是在剪辑中最常用的功能之一。在打开曲线变速选项栏后，选择其中的"自定"选项，在该图标变为红色后，点击图标中的"点击编辑"按钮，如图3-83所示，即可打开曲线编辑面板，如图3-84所示。

面板中的左上角显示的第二个时间代表当前状态下的素材时长，点击▷按钮可以播放或暂停。移动时间指示器，可预览对应位置上的画面。点击"添加点"可以在时间指示器停下的位置增加一个控制点。当时间指示器移到某个控制点处，该控制点变成白色时，可以选择"删除点"对该控制点进行删除，如图3-85所示。

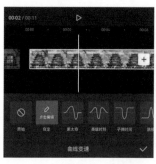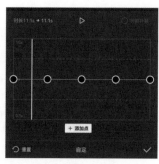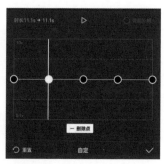

图3-83　　　　　　　　　　图3-84　　　　　　　　　　图3-85

将控制点上移，代表该位置的视频加速，这时整个视频的时长会缩短；将控制点向下移，代表该位置的视频减速（放慢），此时整个视频的时长会增加。如果对该段视频的调节结果不满意，可以点击"重置"按钮进行重新调节。操作完毕点击✓按钮即可。

在剪辑过程中，一般来说，会先找出需要放慢的帧，用户可以通过滑动时间指示器找到对应的帧，从而确保精彩瞬间得到突出。同时，通过滑动时间指示器及上下移动控制点，还能使画面在加速点或降速点上匹配音乐的节奏，让画面更有节奏感。

3.5　课后习题

本章介绍了剪映的一些进阶功能，下面将通过课后习题帮助读者巩固所学知识，以更好地掌握这些功能。

3.5.1　操作题：为视频设置卡通背景

剪映为用户提供了很多背景样式，用户在为视频设置背景时可以直接应用这些样式。本习题将讲解为视频设置卡通背景的操作方法，效果如图3-86所示。

图3-86

步骤01 打开剪映App，在素材添加界面选择一段视频添加至剪辑项目中，点击底部工具栏中的"比例"按钮▣，如图3-87所示。打开比例选项栏，选择9:16选项，如图3-88所示，完成操作后点击右下角的✓按钮。

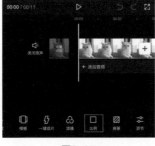

图3-87

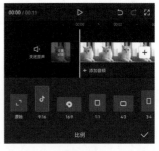

图3-88

步骤 02 在未选中素材的状态下，点击底部工具栏中的"背景"按钮 ▧，如图3-89所示。打开背景选项栏，点击"画布样式"按钮 ▦，如图3-90所示。在打开的样式选项栏中选择一款喜欢的样式，如图3-91所示。

步骤 03 完成以上操作后，点击"导出"按钮，将视频保存至相册。

图3-89

图3-90

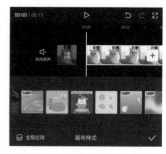
图3-91

3.5.2 操作题：制作行车加速效果

曲线变速的本质是让画面同时呈现加速和放慢的效果。本习题将讲解使用"曲线变速"功能制作动感行车加速效果的操作方法，效果如图3-92所示。

图3-92

步骤 01 打开剪映App，在素材添加界面选择一段行车视频添加至剪辑项目中。在时间线区域选中视频素材，点击底部工具栏中的"变速"按钮 ◎，如图3-93所示，打开变速选项栏，点击其中的"曲线变速"按钮 ∿，如图3-94所示。

图3-93

图3-94

步骤02 在打开的曲线变速选项栏中选择"自定"选项,如图3-95所示,在该图标变为红色后,点击"点击编辑"按钮,如图3-96所示。

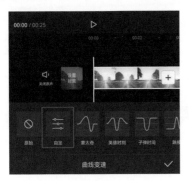
图3-95

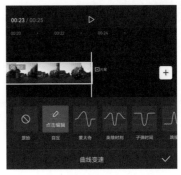
图3-96

步骤03 打开曲线编辑面板,将面板中的第2个控制点向上拖动,如图3-97所示。再用同样的操作方法,将余下3个控制点阶梯式向上拖动。点击右下角的☑按钮保存操作,如图3-98所示。

步骤04 完成以上操作后,点击界面右上角的"导出"按钮,将视频保存至相册。

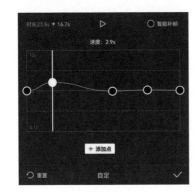
图3-97

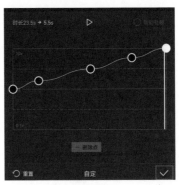
图3-98

提示

上述习题演示的是制作持续加速效果,若用户需要制作持续减速效果,可以将第1个控制点拖动至最高点,然后再将剩余控制点阶梯式向下拖动。此外,若是让控制点在高位和低位交替出现,则画面将会在快动作与慢动作之间不断变化。

第 **4** 章

添加音频效果

　　一个完整的短视频通常是由画面和音频两个部分组成的，视频中的音频可以是视频原声、后期录制的旁白，也可以是特殊音效或背景音乐。对于视频来说，音频是不可或缺的组成部分。

学习要点

- 添加音乐和音效
- 编辑音频素材
- 制作音乐卡点视频

4.1 添加背景音乐和音效

如果没有音乐和音效，只有动态的画面，视频就会给人一种"干巴巴"的感觉。所以，为视频添加背景音乐和音效是视频后期剪辑的必要操作。

4.1.1 案例：为美食短片添加背景和音效

本案例将为美食短片添加背景音乐和音效，帮助读者掌握添加音频的方法。下面介绍具体的操作，图4-1为视频画面效果。

图4-1

步骤01 打开剪映App，在素材添加界面选择一段关于美食的视频素材添加至剪辑项目中。将时间指示器定位至视频的起始位置，在未选中任何素材的状态下，点击底部工具栏中的"音频"按钮，如图4-2所示，打开音频选项栏，点击其中的"音乐"按钮，如图4-3所示。

图4-2

图4-3

步骤02 进入剪映音乐库，选择美食选项，如图4-4所示。打开美食音乐列表，选择图4-5中的音乐，点击"使用"按钮，将其添加至剪辑项目中。

步骤03 在时间线区域选中音乐素材，将其右侧的白色边框向左拖动，使其尾端和视频素材的尾端对齐，如图4-6所示。

步骤04 取消选择音乐素材，将时间指示器移动至00:03处（即视频画面中炸小龙虾的时刻），在底部工具栏中点击"音效"按钮，如图4-7所示。

步骤05 进入音效选项栏，在美食选项中选择"油炸声"音效，如图4-8所示。点击"使用"按钮，将其添加至剪辑项目中。

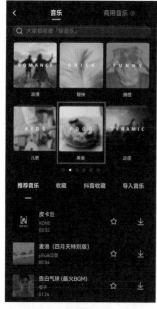

图4-4

图4-5

图4-6

图4-7

步骤06 将时间指示器移动至
00:08（即视频画面切换的时
刻），在时间线区域选中音效
素材，将其右侧的白色边框向
左拖动，使其尾端和时间指示
器对齐，如图4-9所示。

步骤07 完成以上操作后，点
击"导出"按钮，将视频保
存至相册。

图4-8

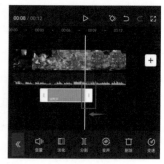

图4-9

4.1.2 剪映音乐库

剪映的音乐库中有着非常丰富的音频资源，这些音频有十分细致的分类，如"舒缓""轻
快""可爱""伤感"等。用户可以根据视频内容的基调，快速找到合适的背景音乐。

在时间线区域，将时间
指示器移动至需要添加背景
音乐的时间点。在未选中素
材的状态下，点击"添加音
频"选项，或点击底部工具
栏中的"音频"按钮，然
后在打开的音频选项栏中
点击"音乐"按钮，如图
4-10和图4-11所示。

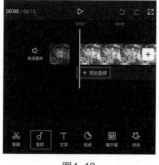

图4-10

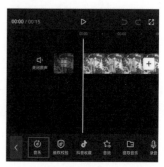

图4-11

完成上述操作后，将进入剪映音乐素材库，如图4-12所示。剪映音乐素材库对音乐进行了细致的分类，用户可以根据音乐类别来快速挑选适合自己视频基调的背景音乐。

在音乐素材库中，点击任意一款音乐，可对音乐进行试听。此外，通过点击音乐素材右侧的功能按钮，可以对音乐素材进行进一步操作，如图4-13所示。

图4-12

图4-13

音乐素材右侧的功能按钮说明如下。

收藏音乐☆：点击该按钮，可将音乐添加至音乐素材库的"收藏"列表中，方便下次使用。

下载音乐⬇：点击该按钮，可以下载音乐，下载完成后会自动进行播放。

使用音乐 使用：在完成音乐的下载后，将出现该按钮，点击该按钮即可将音乐添加到剪辑项目中，如图4-14所示。

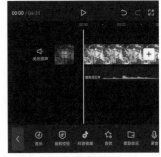

图4-14

4.1.3　抖音收藏音乐

作为一款与抖音直接关联的短视频剪辑软件，剪映支持用户在剪辑项目中添加抖音中的音乐。在进行该操作前，用户需要在剪映主界面中切换至"我的"界面，登录自己的抖音账号，通过这一操作，建立剪映与抖音的连接。之后用户在抖音中收藏的音乐就可以直接在剪映的"抖音收藏"中找到并进行使用了，下面介绍具体的操作方法。

打开抖音App，在视频播放界面中点击界面右下角的CD形状的按钮，如图4-15所示，进入音乐界面，点击"收藏原声"按钮☆，即可收藏该视频的背景音乐，如图4-16和图4-17所示。

图4-15

图4-16

图4-17

进入剪映App，打开需要添加音乐的剪辑项目，进入视频编辑界面，在未选中素材的状态下，将时间指示器定位至视频起始位置，然后点击底部工具栏中的"音频"按钮，如图4-18所示。在打开的音频选项栏中点击"抖音收藏"按钮，如图4-19所示。

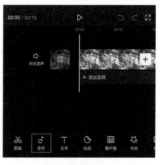

图4-18

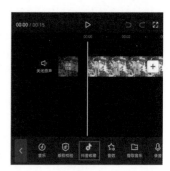

图4-19

进入剪映的音乐素材库，即可在界面下方的抖音收藏列表中看到收藏的音乐，点击下载音乐，再点击"使用"按钮，如图4-20所示，即可将收藏的音乐添加至剪辑项目中，如图4-21所示。

图4-20

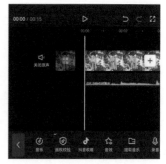

图4-21

4.1.4 提取音乐

如果剪映音乐素材库中的音乐素材不能满足剪辑需求，那么用户可以尝试通过视频链接提取其他视频中的音乐，或者提取本地视频中的音乐。

1. 提取其他平台视频的背景音乐

以抖音为例，用户如果想将该平台中某个视频的背景音乐导入剪映中使用，可以在抖音的视频播放界面点击右侧的分享按钮 ，再在底部弹窗中点击"复制链接"按钮 ，如图4-22和图4-23所示。

图4-22

图4-23

完成操作后，进入剪映音乐素材库，切换至"导入音乐"界面，然后在选项栏中点击"链接下载"按钮 ，在文本框中粘贴之前复制的音乐链接，再点击右侧的"下载"按钮 。等待片刻，在下载完成后，即可点击"使用"按钮将音乐添加至剪辑项目，如图4-24和图4-25所示。

图4-24

图4-25

> **提示**
> 对于想要靠视频作品营利的用户来说，在使用其他平台的音乐作为视频素材前，需与平台或音乐创作者进行协商，避免发生作品侵权行为。

2. 提取本地视频中的背景音乐

剪映支持用户对本地相册中拍摄和存储的视频进行音乐提取操作，简单来说就是将其他视频中的音乐提取出来并单独应用到剪辑项目中。

提取本地视频音乐的方法非常简单，在音乐素材库中，切换至"导入音乐"界面，然后在选项栏中点击"提取音乐"按钮 ，接着点击"去提取视频中的音乐"按钮，如图4-26所示。在打开的素材选取界面中选择带有音乐的视频，然后点击"仅导入视频的声音"按钮，如图4-27所示。

图4-26   图4-27

完成上述操作后，视频中的背景音乐将被提取并导入音乐素材库，如图4-28所示。

除了可以在音乐素材库中进行音乐的提取操作外，用户还可以选择在视频编辑界面中完成音乐提取操作。在未选中素材的状态下，点击底部工具栏中的"音频"按钮 ，如图4-29所示，然后在打开的音频选项栏中点击"提取音乐"按钮 ，如图4-30所示，即可进行视频音乐的提取操作。

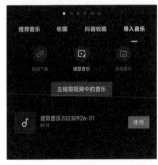  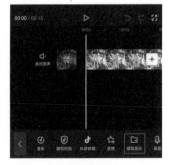

图4-28   图4-29   图4-30

4.1.5 添加音效

在视频中添加和画面内容相符的音效，可以大幅增强视频的代入感，让观者更有沉浸感。剪映中自带的"音效"资源非常丰富，其添加方法与添加背景音乐的方法类似。

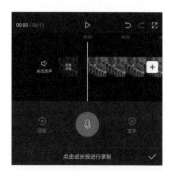

　　将时间指示器移动至需要添加音效的时间点，在未选中素材的状态下，点击"添加音频"按钮，或点击底部工具栏中的"音频"按钮 ，然后在打开的音频选项栏中点击"音效"按钮 ，如图4-31和图4-32所示。

图4-31

图4-32

　　上述操作完成后，即可打开音效选项栏，如图4-33所示，可以看到里面有魔法、打斗、美食、动物、环境音等不同类别的音效。添加音效素材的方法与上述添加音乐素材的方法一致，选择任意一个音效素材，点击右侧的"使用"按钮，即可将该音效添加至剪辑项目中，如图4-34所示。

图4-33

图4-34

4.1.6　录制语音

　　通过剪映中的"录音"功能，用户可以实时在剪辑项目中完成旁白的录制和编辑工作。在使用剪映录制旁白前，最好连接上耳麦，有条件的可以配备专业的录制设备，这样能有效地提升声音质量。

　　在开始录音前，先将时间指示器移动至视频的起始位置，在未选中任何素材的状态下，点击音频选项栏中的"录音"按钮 ，然后在底部浮窗中按住录制按钮，如图4-35和图4-36所示。

图4-35

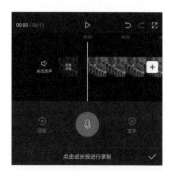

图4-36

在按住录制按钮的同时，轨道区域将同时生成音频素材，如图4-37所示，此时用户可以根据视频内容录入相应的旁白。完成录制后，释放录制按钮，即可停止录音。点击右下角的✓按钮，即可保存音频素材，如图4-38所示。

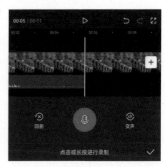

图4-37　　　　　　　　　　图4-38

在进行录音时，可能会由于口型不匹配，或环境干扰造成音效不自然，因此大家尽量选择安静、没有回音的环境进行录音工作。在录音时，嘴巴需与麦克风保持一定的距离，可以尝试用打湿的纸巾将麦克风裹住，以防止喷麦。

4.1.7　字幕配音

想必大家在刷抖音时总是会听到一些很有意思的声音，尤其是一些搞笑类的视频。有些人以为这些声音是对视频进行配音后再做变声处理得到的，其实没有那么麻烦，只需要利用"文本朗读"功能就可以轻松实现。

在剪辑项目中添加文字素材后，选中文字素材，点击底部工具栏中的"文本朗读"按钮🅰，如图4-39所示。在底部浮窗中可以看到特色方言、萌趣动漫等选项，每个选项都包含不同的声音效果，如图4-40所示。

用户可以根据实际需求选择合适的声音效果，当用户点击某个声音效果时，即可进行试听，如图4-41所示。试听完毕，点击右上角的✓按钮，即可在时间线区域自动生成语音，如图4-42所示。

图4-39　　　　　　　　　　图4-40

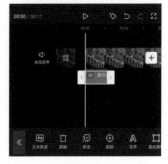

图4-41　　　　　　　　　　图4-42

4.2 编辑音频素材

　　剪映为用户提供了较为完备的音频编辑功能，支持用户在剪辑项目中对音频素材进行音量调整、声音淡化处理、变声处理等。

4.2.1 案例：制作音频淡化效果

　　本案例将制作音频淡化效果，帮助读者掌握音频编辑的基本方法。下面介绍具体的操作步骤，图4-43为视频画面效果。

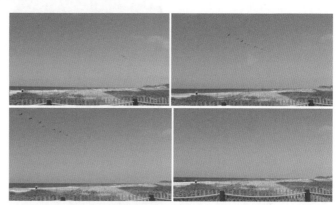

图4-43

步骤 01 打开剪映App，在素材添加界面选择一段风景视频素材添加至剪辑项目中，将时间指示器定位至视频的起始位置。在未选中任何素材的状态下，点击底部工具栏中的"音频"按钮 🎵，如图4-44所示，打开音频选项栏，点击其中的"音乐"按钮 🎵，如图4-45所示。

图4-44

图4-45

步骤02 进入剪映音乐库，选择舒缓类型，如图4-46所示。打开音乐列表，选择图4-47中的音乐，下载后点击"使用"按钮，将其添加至剪辑项目中。

图4-46　　　　　　　　　图4-47

步骤03 将时间指示器移动至视频的尾端，并选中音乐素材。点击底部工具栏的"分割"按钮，再点击"删除"按钮，如图4-48和图4-49所示，将分割出来的后半段音乐素材删除。

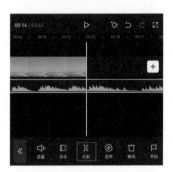

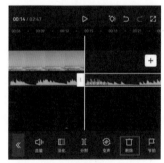

图4-48　　　　　　　　　图4-49

步骤04 点击底部工具栏中的"音效"按钮，如图4-50所示，进入音效选项栏，在环境音选项中选择"海岸边"音效，如图4-51所示。点击"使用"按钮，将其添加至剪辑项目中。

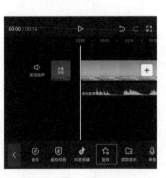

图4-50　　　　　　　　　图4-51

步骤05　参照步骤03的操作方法对音效素材进行剪辑，使其尾端和视频素材的尾端对齐，如图4-52所示。

步骤06　在时间线区域选中音乐素材，点击底部工具栏中的"音量"按钮 🔊，如图4-53所示，在底部浮窗中拖动白色圆圈滑块，将数值设置为80，如图4-54所示。参照上述操作方法将音效素材的音量设置为150。

图4-52

图4-53

图4-54

步骤07　在时间线区域选中音乐素材，点击底部工具栏中的"淡化"按钮 ▥，如图4-55所示。在底部浮窗中拖动白色圆圈滑块，将淡出时长设置为2s，如图4-56所示。

步骤08　完成以上操作后，点击"导出"按钮，将视频保存至相册。

图4-55

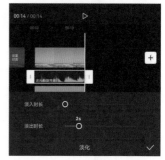
图4-56

4.2.2　调节音量

为一段视频添加背景音乐、音效、配音后，在时间线区域就会出现多条音频轨道。为了让视频的声音更有层次感，可单独调节其各自的音量。

在时间线区域选中需要调节音量的轨道，此处选择的是背景音乐轨道，点击底部工具栏中的"音量"按钮 🔊，如图4-57所示。

拖动音量滑块，即可设置所选音频的音量。默认音量为100，此处适当增加背景音乐的音量，将其调整为132，点击右下角的 ✓ 按钮保存操作，如图4-58所示。

图4-57

图4-58

选中"音效"轨道，并点击底部工具栏中的"音量"按钮，如图4-59所示。将"音效"的音量调节为74，点击右下角的✓按钮保存操作，如图4-60所示。

通过以上操作，可单独调整音轨的音量，让声音更有层次感。

除此之外，如果视频素材本身就有声音，当用户想要关闭视频原声时，可以在时间线区域点击"关闭原声"按钮，如图4-61所示。

| 图4-59 | 图4-60 | 图4-61 |

4.2.3 淡化效果

对于一些没有前奏和尾声的音频素材，在其前后添加淡化效果，可以有效降低音乐出入场的突兀感；而在两个衔接音频之间加入淡化效果，则可以令音频之间的过渡更加自然。

在轨道区域选中音频素材，点击底部工具栏中的"淡化"按钮，如图4-62所示，在打开的淡化选项栏中可以设置音频的淡入时长和淡出时长，如图4-63所示。淡入是指背景音乐开始响起的时候，声音缓缓变大；淡出是指背景音乐即将结束的时候，声音渐渐消失。

| 图4-62 | 图4-63 |

4.2.4 音频变声

看过游戏直播的用户应该知道，很多平台主播为了提高直播人气，会使用变声软件在直播时进行变声处理，搞怪的声音配合画面更容易引得观者捧腹大笑。

对视频原声进行变声处理，在一定程度上可以强化人物的情绪，对于一些趣味性或恶搞类短视频来说，音频变声可以很好地放大这类视频的幽默感。

使用"录音"功能完成旁白的录制后，在时间线区域选中音频素材，点击底部工具栏中的

"变声"按钮，如图4-64
所示。在打开的变声选项栏
中可以根据实际需求选择声
音效果，如图4-65所示。

图4-64　　　　　　　　　　　　　　图4-65

4.2.5　剪辑音频

在剪映中，用户可以使用编辑视频素材的方式对音频素材进行编辑，既可以通过拖动"白框"达到截取片段的目的，也可以使用"分割"和"删除"功能对音频素材进行剪辑。

将时间指示器定位至需要进行分割的时间点，选中音频素材，在底部工具栏中点击"分割"按钮，如图4-66所示。将选中的素材在时间线的位置一分为二，再点击"删除"按钮，如图4-67所示。

此时，分割出来的后半段音频素材已被删除，如图4-68所示。

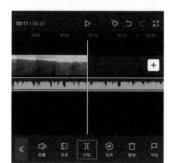  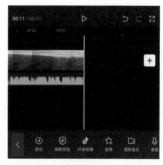

图4-66　　　　　　　　　　　图4-67　　　　　　　　　　　图4-68

 ## 制作音乐卡点视频

音乐卡点是如今各大短视频平台上一种比较热门的视频玩法，通过后期处理，将视频画面的每一次转换与音乐节拍相匹配，使整个画面的节奏感变强。

4.3.1　案例：制作动感卡点相册

卡点相册，就是让照片根据音乐的节拍点进行规律的切换，这种视频制作简单又极具动感，在短视频平台极为常见。下面将介绍具体的制作方法，图 4-69所示为视频画面效果。

图4-69

步骤01 打开剪映App，在素材添加界面选择12张人物图像素材添加至剪辑项目中。在未选中任何素材的状态下点击底部工具栏中的"音频"按钮♪，如图4-70所示，打开音频选项栏，点击其中的"音乐"按钮♪，如图4-71所示。进入剪映音乐素材库，选择图4-72中的音乐，点击"使用"按钮将其添加至剪辑项目中。

图4-70

图4-71

图4-72

步骤02 在时间线区域选中音乐素材，点击底部工具栏中的"节拍"按钮，如图4-73所示。在底部浮窗中点击"自动踩点"按钮，拖动白色滑块至最大值，并点击"删除点"按钮，将第一个节拍点删除，然后点击✓按钮，如图4-74所示。

图4-73

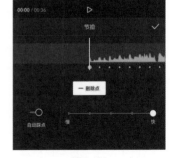

图4-74

步骤 03 将时间指示器移动至音频的第1个节拍点的位置，在时间线区域选中第1段素材，点击底部工具栏中的"分割"按钮 ⅠⅠ，再点击"删除"按钮 🗑，如图4-75和图4-76所示，将多余的素材删除。

步骤 04 参照上述操作方法根据音频的节拍点对余下素材进行剪辑，使画面的切换与节拍点对齐，并对音频素材进行剪辑，使其尾端和最后一段素材的尾端对齐，如图4-77所示。

步骤 05 完成以上操作后，点击界面右上角的"导出"按钮，将视频保存至相册。

图4-75

图4-76

图4-77

4.3.2 手动踩点

在时间线区域添加音乐素材后，选中音乐素材，点击底部工具栏中的"节拍"按钮 🏳，如图4-78所示。在打开的节拍选项栏中，将时间指示器移动至需要进行标记的时间点，然后点击"添加点"按钮，如图4-79所示。

图4-78

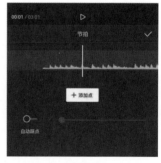
图4-79

完成上述操作后，即可在时间指示器所在的位置添加一个黄色的标记，如图4-80所示。如果对添加的标记不满意，点击"删除点"按钮即可将标记删除。

标记点添加完成后，点击 ✓ 按钮即可保存操作，此时轨道区域中可以看到刚刚添加的标记点，如图4-81所示。根据标记点所处位置可以轻松地对视频进行剪辑，完成卡点视频的制作。

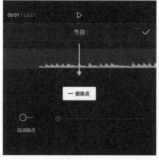
图4-80

图4-81

4.3.3　自动踩点

在时间线区域添加音乐素材后，选中音乐素材，点击底部工具栏中的"节拍"按钮，如图4-82所示。在打开的节拍选项栏中，点击"自动踩点"按钮，将自动踩点功能打开。此时音乐素材下方会自动生成黄色的标记点，滑动白色滑块，还可以自动调节节奏的快与慢，如图4-83所示。

图4-82

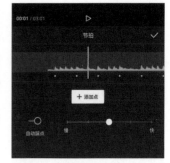
图4-83

4.4　课后习题

本章介绍了在剪映中添加音频、编辑音频及音乐卡点的相关知识，下面将通过课后习题帮助读者巩固所学知识。

4.4.1　操作题：为Vlog视频添加音效

剪映为用户提供了各种各样的音效素材，合理地使用这些音效可以让视频变得更加生动有趣。本习题将讲解为Vlog视频添加音效的操作方法，图4-84为视频画面效果。

图4-84

步骤01 打开剪映App，在素材添加界面选择一段视频素材添加至剪辑项目中。将时间指示器移动至00:17处，在未选择任何素材的状态下，点击底部工具栏中的"音频"按钮，如图4-85所示，打开音频选项栏，点击其中的"音效"按钮，如图4-86所示。

步骤02 进入音效选项栏，在环境音选项中选择"蝉鸣"音效，如图4-87所示，点击"使用"按钮，将其添加至剪辑项目中。

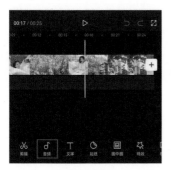
图4-85

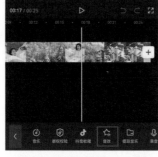
图4-86

图4-87

步骤03 将时间指示器移动至00:22处，选中音效素材。点击底部工具栏中的"分割"按钮，再点击"删除"按钮，如图4-88和图4-89所示，将分割出来的后半段素材删除。

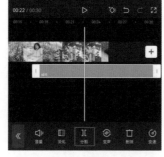
图4-88

图4-89

步骤04 将时间指示器移动至00:19处，在底部工具栏中点击"音效"按钮，如图4-90所示。进入音效选项栏，在搜索栏中输入"风铃声"，点击"搜索"按钮，如图4-91所示。

图4-90

图4-91

步骤05 在搜索出来的音效中选择图4-92所示的音效，然后参照步骤03的操作方法对风铃音效进行剪辑，使其尾端和蝉鸣音效的尾端对齐，如图4-93所示。

图4-92

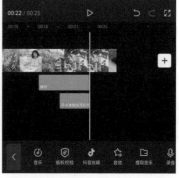
图4-93

步骤 06 在时间线区域选中蝉鸣音效，点击底部工具栏中的"音量"按钮🔊，如图4-94所示。在底部浮窗中拖动白色圆圈滑块，将数值设置为30，如图4-95所示。

步骤 07 完成以上操作后，点击界面右上角的"导出"按钮，将视频保存至相册。

图4-94

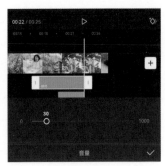

图4-95

4.4.2 操作题：在剪映专业版中为视频配乐

在剪映专业版中添加音频素材的方法与添加视频素材的方法相同，直接在音乐素材库中添加即可。本习题将讲解在剪映专业版中为视频配乐的操作方法，图4-96为视频画面效果。

图4-96

步骤 01 启动剪映专业版软件，在本地素材库中导入一段视频素材，并将其拖曳至时间线区域。单击"音频"按钮🎵，打开音频功能区，单击其中的"音乐素材"展开音乐列表，如图4-97所示。在动感选项中选择图4-98所示的音乐，单击该素材进行试听。

图4-97

图4-98

步骤 02 按住鼠标左键，将选择的音乐素材拖曳至时间线区域，如图4-99所示。

图4-99

步骤03 将时间指示器拖曳至视频结尾处，选中音乐素材，如图4-100所示。单击"向右裁剪"按钮，即可在时间指示器所在的位置对音乐素材进行分割，并删除后半段音乐素材，如图4-101所示。

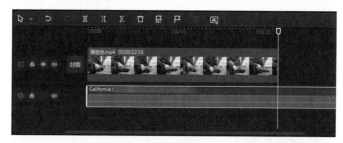

图4-100

步骤04 完成以上操作后，单击界面右上角的"导出"按钮，将视频导出至指定位置。

图4-101

提示

用户如果看到喜欢的音乐，可以单击☆图标将其收藏起来，待下次剪辑视频时可以在"收藏"列表中快速选择该音乐。

第 **5** 章

制作动画特效

在完成了画面的基本调整之后，如果觉得画面效果仍旧比较单调的话，用户可以尝试为视频添加特效和动画。剪映为广大视频爱好者提供了很多丰富且酷炫的视频特效，也提供了诸如旋转、伸缩、拉镜、抖动等众多动画效果。用户也可以通过"关键帧"功能制作动画效果。

学习要点

- 掌握"动画"功能
- 制作关键帧动画
- 掌握"特效"功能

5.1 认识"动画"功能

很多用户在使用剪映时容易将"特效""转场"与"动画"混淆。虽然这三者都可以让画面看起来更具动感，但"动画"功能既不能像特效那样改变画面内容，也不能像转场那样衔接两个片段，它所实现的其实是所选视频出现及消失的动态效果。

5.1.1 案例：为视频添加出入场动画

本案例将为视频添加出入场动画，帮助读者掌握"动画"功能的使用方法。下面介绍具体的操作，效果如图5-1所示。

图5-1

步骤01 打开剪映App，在素材添加界面选择一段视频素材添加至剪辑项目中。

步骤02 在时间线区域选中视频素材，点击底部工具栏中的"动画"按钮 ▶，如图5-2所示。展开默认的入场动画选项栏，选择其中的"渐显"效果，并拖动底部滑块，将动画时长设置为1.5s，如图5-3所示。

步骤03 点击切换至出场动画选项栏，选择其中的"旋转闭幕"效果。拖动底部滑块，将动画时长设置为1.5s，如图5-4所示。

步骤04 完成以上操作后，点击界面右上角的"导出"按钮，将视频保存至相册。

图5-2

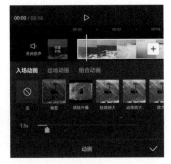

图5-3

图5-4

动画时长的可设置范围是根据所选片段的时长变动的。在设置动画时长后，具有动画效果的
时间范围会在轨道上被浅浅的绿色或红色覆盖，从而可以直观地看出动画时长与整个视频片段时
长的关系。

5.1.2 入场动画

在入场动画选项栏中，剪映为用户提供了"渐显""跳
转开幕""轻微放大""动感放大"等入场动画效果，如
图5-5所示。入场动画主要用于素材的起始位置，可以使素材
运动入场。

图5-5

例如，选择"渐显"效果，即可为素材添加渐显动画，素材将会从黑色开始逐渐显示全部
的画面内容，如图5-6所示。

图5-6

5.1.3 出场动画

在出场动画选项栏中，剪映为用户提供了"渐隐""跳转
闭幕""放大""轻微放大"等动画效果，如图5-7所示。出
场动画主要用于素材的结束位置，可以使素材运动退出画面。

图5-7

例如，选择"渐隐"效果，即可为素材添加渐隐动画，素材将会从显示全部的画面内容逐渐变为黑色，如图5-8所示。

图5-8

> **提示**
>
> 不论是视频还是照片，都只能添加一个入场动画和一个出场动画，不能同时添加多个入场动画和出场动画。

5.1.4 组合动画

在组合动画选项栏中，剪映为用户提供了"荡秋千""缩放""形变左缩"等组合动画效果，如图5-9所示。因为组合动画选项栏中的每一个动画都包含了入场运动效果和出场运动效果，所以为素材添加组合动画效果后，素材从开始到结束退出都处于运动状态。

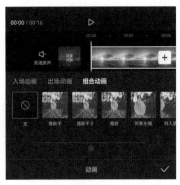

图5-9

5.2 制作关键帧动画

如果在一条轨道上添加了两个关键帧，并且在后一个关键帧处改变了显示效果，如放大或缩小画面、移动贴纸或蒙版的位置、修改滤镜等，那么播放两个关键帧之间的轨道时，第一个关键帧所在位置的效果将逐渐转变为第二个关键帧所在位置的效果。

5.2.1 案例：制作多图汇聚开场

本案例将制作多图汇聚开场效果，帮助读者掌握"关键帧"功能的使用方法。下面介绍具体的操作，效果如图5-10所示。

图5-10

步骤 01 打开剪映App，在剪映素材库中选择黑场素材添加至剪辑项目中。在未选择任何素材的状态下点击底部工具栏中的"画中画"按钮□，再点击"新增画中画"按钮□，如图5-11和图5-12所示。

图5-11

图5-12

步骤 02 进入素材添加界面，选择一张萌娃写真照片并将其导入剪辑项目，然后将素材右侧的白色边框向左拖动，使其缩短至1s。点击界面中的◇按钮，在素材的尾端添加一个关键帧，如图5-13所示。

步骤 03 将时间指示器移动至素材的起始位置，点击界面中的◇按钮，添加一个关键帧，如图5-14所示。

步骤 04 将时间指示器定位至第1个关键帧所在位置，选中图像素材，点击底部工具栏中的"基础属性"按钮□，如图5-15所示。

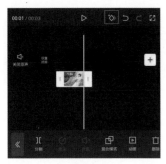
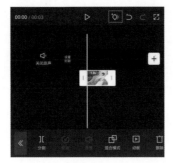

图5-13　　　　　　　　　　　図5-14　　　　　　　　　　　图5-15

步骤 05 打开基础属性选项栏，在"位置"选项中将"X轴"的数值设置为-280，将"Y轴"的数值设置为-180，如图5-16所示。

步骤 06 点击切换至"缩放"选项，将其数值设置为66%，如图5-17所示，再点击切换至"旋转"选项，将其数值设置为14°，如图5-18所示。

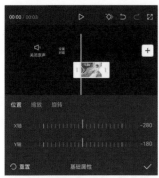

图5-16　　　　　　　　　　　图5-17　　　　　　　　　　　图5-18

步骤 07 将时间指示器移动至第2个关键帧所在的位置，点击切换至"缩放"选项，将其数值设置为0%，如图5-19所示，点击界面右下角的☑按钮。点击底部工具栏中的"动画"按钮▣，如图5-20所示。

步骤 08 打开动画选项栏，在"入场动画"选项中选择"渐显"效果，拖动底部滑块将时长设置为0.2s，如图5-21所示，点击☑按钮保存操作。

图5-19　　　　　　　　　　　图5-20　　　　　　　　　　　图5-21

步骤09 参照步骤02至步骤08的操作方法依次导入5张萌娃写真照片，为其制作关键帧动画，并添加"渐显"的入场动画效果。在时间线区域调整素材在轨道中所处的位置，使其呈阶梯排列，如图5-22所示。

步骤10 完成以上操作后，再为视频添加合适的背景音乐，即可点击界面右上角的"导出"按钮，将视频保存至相册。

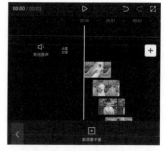

图5-22

提示

在剪映中，用户可以通过"基础属性"功能调整素材的"位置""缩放""旋转"参数，也可以直接在预览区域手动对素材进行移动、缩放和旋转等操作。手动调整的方式更加便捷，缺点是不够精确。

5.2.2 位置关键帧

通过设置位置关键帧，可以有效地调整视频画面的显示位置。在剪映中设置位置关键帧的具体方法是：在时间线区域选中素材，并在预览区域双指相向滑动将其缩小，将时间指示器定位至视频的起始位置，点击界面中的■按钮，添加一个关键帧，如图5-23所示，再将时间指示器移动至视频的尾端，点击■按钮，在尾端添加一个关键帧，如图5-24所示。

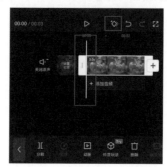

图5-23

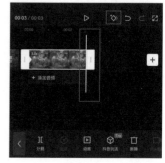

图5-24

将时间指示器定位至视频的第1个关键帧处，在选择素材的状态下，点击底部工具栏中的"基础属性"按钮■，如图5-25所示，打开基础属性选项栏，在"位置"选项中将"X轴"的数值设置为-150，将"Y轴"的数值设置为-170，如图5-26所示。将时间指示器定位至视频的第2个关键帧处，将"X轴"的数值设置为161，将"Y轴"的数值设置为120，如图5-27所示。

图5-25

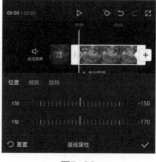

图5-26

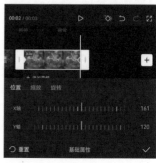

图5-27

点击"播放"按钮▷，在预览区域查看制作好的关键帧动画，效果如图5-28所示。

图5-28

5.2.3　缩放关键帧

通过设置缩放关键帧，可以有效地调整视频画面的显示大小。在剪映中设置缩放关键帧的具体方法是：在时间线区域选中素材后，将时间指示器定位至视频的起始位置，点击界面中的◈按钮，添加一个关键帧，如图5-29所示，再将时间指示器移动至视频的尾端，点击◈按钮，添加一个关键帧，如图5-30所示。

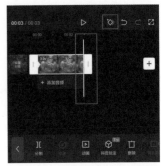

图5-29　　　　　　　　　　图5-30

将时间指示器定位至视频的第2个关键帧处，在选择素材的状态下，点击底部工具栏中的"基础属性"按钮◻，如图5-31所示。打开基础属性选项栏，点击"缩放"选项，将其数值设置为80%，如图5-32所示。

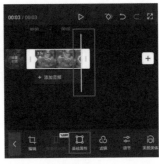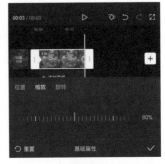

图5-31　　　　　　　　　　图5-32

点击"播放"按钮▷，在预览区域查看制作好的关键帧动画，效果如图5-33所示。

图5-33

5.2.4 旋转关键帧

通过设置旋转关键帧，可以有效地调整视频画面的角度。在剪映中设置旋转关键帧的具体方法是：在时间线区域选中素材后，将时间指示器定位至视频的起始位置，点击界面中的◈按钮，添加一个关键帧，如图5-34所示，再将时间指示器移动至视频的尾端，点击◈按钮，在视频的尾端添加一个关键帧，如图5-35所示。

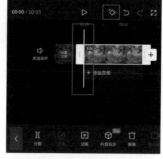

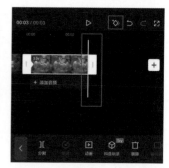

图5-34

图5-35

将时间指示器定位至视频的第2个关键帧处，在选择素材的状态下，点击底部工具栏中的"基础属性"按钮▣，如图5-36所示。打开基础属性选项栏，点击"旋转"选项，将其数值设置为-20°，如图5-37所示。

图5-36

图5-37

点击"播放"按钮▶，在预览区域查看制作好的关键帧动画，效果如图5-38所示。

图5-38

5.2.5 透明度关键帧

通过设置透明度关键帧，可以制作出淡入淡出的特殊效果。在剪映中设置透明度关键帧的具体方法是：在时间线区域选中素材后，将时间指示器定位至视频的起始位置，点击界面中的◈按钮，添加一个关键帧，然后点击底部工具栏中的"不透明度"按钮◐，如图5-39所示，在底部浮窗中拖动白色圆圈滑块将数值设置为30，并点击✔按钮，如图5-40所示。

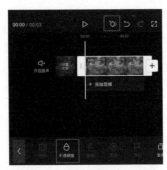

图5-39　　　　　　　　　　图5-40

将时间指示器移动至视
频的尾端，点击底部工具栏
中的"不透明度"按钮，如
图5-41所示。在底部浮窗中
拖动白色圆圈滑块将数值设
置为100，剪映将自动在时
间指示器所在的位置添加一
个关键帧，如图5-42所示。

图5-41　　　　　　　　　　图5-42

点击"播放"按钮，在
预览区域查看制作好的关键帧
动画，效果如图5-43所示。

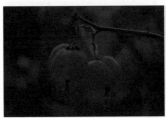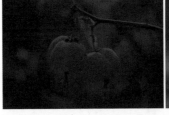

图5-43

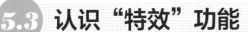

5.3 认识"特效"功能

剪映中有非常丰富的特效，不仅可以帮助用户打造炫酷的画面效果，还可以突出画面重点、营造画面氛围、增强视频节奏感。

5.3.1 案例：制作魔法变身效果

本案例将制作魔法变身效果，帮助读者掌握"特效"功能的使用方法。下面介绍具体的操作，效果如图5-44所示。

图5-44

步骤01 打开剪映App，在素材添加界面选择一张个人写真照片并将其添加至剪辑项目中。在时间线区域选中素材，点击底部工具栏中的"复制"按钮□，在轨道中复制一段一模一样的素材，如图5-45和图5-46所示。

图5-45

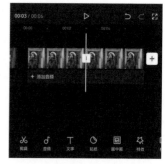

图5-46

步骤02 在时间线区域选中第1段素材，将其右侧的白色边框向右拖动，使素材的时长延长至3.5s，如图5-47所示。参照上述操作方法，将第2段素材的时长延长至5s，如图5-48所示。

图5-47

图5-48

步骤03 在时间线区域选中第2段素材，点击底部工具栏中的"抖音玩法"按钮◙，如图5-49所示。在"AI绘画"选项中选择"精灵"效果，如图5-50所示，点击✓按钮保存操作。

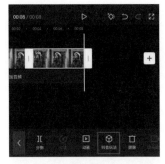

图5-49

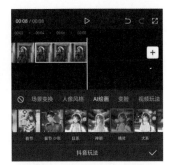

图5-50

步骤04 将时间指示器移动至第2段素材的起始位置，在未选中任何素材的状态下，点击底部工具栏中的"特效"按钮◙，如图5-51所示。打开特效选项栏，点击其中的"画面特效"按钮◙，如图5-52所示。

图5-51

图5-52

步骤05 打开画面特效选项栏，选择"氛围"选项中的"梦蝶"特效，如图5-53所示，点击✓按钮保存操作。参照步骤02的操作方法将特效素材延长，使其尾端和第2段素材的尾端对齐，如图5-54所示。

图5-53

图5-54

步骤06 参照步骤04和步骤05的操作方法，为第2段素材添加"花瓣飞扬"特效，如图5-55所示。在第1段素材的起始位置添加"模糊开幕"特效，如图5-56所示。

图5-55

图5-56

步骤 07 将时间指示器移动至视频的起始位置，选中第1段素材，点击界面中的◇按钮，添加一个关键帧，如图5-57所示。再将时间指示器移动至素材的尾端，在预览区域双指相背滑动，将画面放大，剪映将会自动在时间指示器所在的位置添加一个关键帧，如图5-58所示。

步骤 08 完成以上操作后，再为视频添加合适的背景音乐，即可点击界面右上角的"导出"按钮，将视频保存至相册。

图5-57　　　　　　　　　　图5-58

5.3.2　画面特效

剪映的画面特效包含旅行、基础、氛围、动感、DV、复古、Bling等类别，如图5-59所示。画面特效可以很好地帮助用户点缀和装饰视频画面，打造丰富且炫酷的视频效果，营造画面氛围。

以画面特效中的"复古"选项为例，在该选项中，用户可以选择录像带、监控、电视纹理、色差默片、荧幕噪点、色差故障等特殊效果。这类特效主要是通过在画面中添加朦胧感或噪点质地，使画面呈现出一种浓烈的复古氛围，非常适合在制作纪录片和街访短片时使用。图5-60所示为应用"胶片Ⅳ"特效之后的画面效果。

图5-59　　　　　　　　　　图5-60

5.3.3　人物特效

剪映的人物特效包含情绪、头饰、身体、克隆、挡脸、装饰、环绕等类别，如图5-61所示。人物特效可以很好地点缀和装饰视频中的人物，帮助用户打造炫酷且综艺感十足的视频效果。

以人物特效中的"情绪"选项为例，在该选项中，用户可以选择笑哭、生气、害羞等特殊效果。这类特效主要是通过在人物身上或周围添加文字和特殊符号，突出和衬托人物的情绪或心理状态，使视频变得生动形象且趣味十足。图5-62所示为应用"大头"特效之后的画面效果。

图5-61　　　　　　　　　　　　　图5-62

5.3.4　图片玩法

剪映的图片玩法中包含运镜、AI写真、表情、分割、场景变换等类别，如图5-63所示。其中有很多抖音上的热门特效，如立体相册、漫画写真、AI绘画、3D运镜、性别反转等。图5-64所示为应用"漫画写真"特效之后的画面效果。

如果用户仔细观察，可以发现"图片玩法"中的分类和特效与"抖音玩法"中的基本重合。实际上，"图片玩法"的应用方法与效果呈现与"抖音玩法"是一致的，二者的区别在于，"图片玩法"只能在图像素材上应用，而"抖音玩法"中有一部分特效可以在视频素材上应用。

图5-63　　　　　　　　　　　　　图5-64

 ## 5.4　课后习题

本章介绍了剪映的动画效果、关键帧动画和视频特效的相关知识，下面将通过课后习题帮助读者巩固所学知识。

5.4.1 操作题：为视频制作雪景特效

剪映的"自然"特效栏中，有闪电、浓雾、落叶、下雨、花瓣飘落等特殊效果，通过这类效果可以为画面添加飞花、落叶、雨雪等装饰元素。本习题将介绍制作雪景特效的具体操作，效果如图5-65所示。

图5-65

步骤01 打开剪映App，在素材添加界面选择一段视频素材并将其添加至剪辑项目中。将时间指示器定位至视频的起始位置，在未选中任何素材的状态下，点击底部工具栏中的"特效"按钮，如图5-66所示，打开特效选项栏，点击其中的"画面特效"按钮，如图5-67所示。

图5-66

图5-67

步骤02 打开画面特效选项栏，在"自然"选项中选择"大雪纷飞Ⅱ"特效，如图5-68所示，点击右上角的✓按钮，即可在时间线区域添加一段特效素材，如图5-69所示。

步骤03 在时间线区域双指相向滑动，将轨道缩短，选中特效素材，将其右侧的白色边框向右拖动，使其长度和视频素材的长度一致，如图5-70所示。

步骤04 完成以上操作后，点击界面右上角的"导出"按钮，将视频保存至相册。

图5-68

图5-69

图5-70

5.4.2 操作题：制作视频运镜效果

剪映的关键帧功能可以让一些原本不会移动的、非动态的元素在画面中动起来，或者让一些后期增加的效果随时间改变。本习题将介绍使用关键帧模拟运镜效果的具体操作，效果如图5-71所示。

图5-71

步骤01 启动剪映专业版软件，在本地素材库中导入一段视频素材（素材01），并将其拖曳至时间线区域，将时间指示器移动至00:00:02:00处，单击工具栏中的"向右裁剪"按钮，如图5-72所示。

步骤02 此时即可在时间指示器所在的位置对视频素材进行分割，并将后半段素材删除。而后将时间指示器移动至视频的起始位置，如图5-73所示。

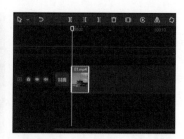

图5-72   图5-73

步骤03 在画面调整区域单击"缩放"选项旁边的 ◈ 按钮，如图5-74所示，添加一个关键帧。将时间指示器移动至视频的尾端，在画面调整区域将"缩放"的数值设置为116%，如图5-75所示，剪映将自动在时间指示器所在的位置添加一个关键帧。

图5-74   图5-75

步骤04 选中素材01后，单击鼠标右键，弹出快捷菜单，选择"复制"命令，如图5-76所示。

步骤05 在轨道的空白处单击鼠标右键，弹出快捷菜单，选择"粘贴"命令，如图5-77所示。

图5-76   图5-77

步骤06 此时即可在素材01的右上方复制出一段一模一样的素材，如图5-78所示。

步骤07 在时间线区域选中复制的素材，将其向下拖曳，置于原素材的后方，如图5-79所示。

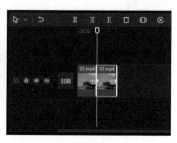

图5-78   图5-79

步骤08　参照步骤04至步骤07的操作方法，在时间线区域再复制7段素材，如图5-80所示。

步骤09　选中时间线区域中的第2段素材后，单击鼠标右键，弹出快捷菜单，选择"替换片段"命令，如图5-81所示。

步骤10　在打开的"请选择媒体资源"对话框中选择素材02，如图5-82所示，单击"打开"按钮。

图5-80

图5-81

图5-82

步骤11　在"替换"界面中单击"替换片段"按钮，如图5-83所示。

步骤12　参照步骤09至步骤11的操作方法，将余下素材分别替换为03、04、05、06、07、08、09，如图5-84所示。

步骤13　完成以上操作后，再为视频添加合适的音乐，即可单击界面右上角的"导出"按钮，将视频导出至指定位置。

图5-83

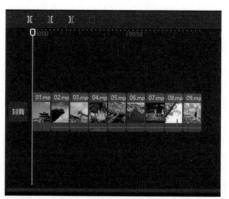

图5-84

今时夏至
愿如夏花之绚

骑行

第 **6** 章

制作字幕效果

　　为了让视频的信息更加丰富，让重点更加突出，很多视频都会添加一些文字，如视频的标题、人物的台词、关键词、歌词等。除此之外，为文字增加些动画或特效，并将其安排在恰当的位置，还能令视频画面更具美感。本章将介绍在剪映中制作字幕效果的方法，帮助大家做出有趣的短视频。

学习要点

● 添加视频字幕
● 批量添加字幕
● 编辑视频字幕
● 制作字幕动画

6.1 添加视频字幕

字幕其实就是将语音内容以文字的方式显示在画面中。在剪映里，用户既可以手动添加字幕，也可以直接套用字幕模板。

6.1.1 案例：为茶艺短片添加字幕

本案例将为茶艺短片添加字幕，帮助读者掌握在剪映中添加字幕的方法。下面介绍具体的操作，效果如图6-1所示。

图6-1

步骤01 打开剪映App，在素材添加界面选择一段背景视频素材并将其添加至剪辑项目中。将时间指示器定位至视频的起始位置，在未选中任何素材的状态下，点击底部工具栏中的"文字"按钮T，如图6-2所示。打开文字选项栏，点击其中的"文字模板"按钮A，如图6-3所示。

图6-2

图6-3

步骤02 打开文字模板选项栏,在"片头标题"选项中选择图6-4所示的样式,并点击 ✓ 按钮保存操作。在选中文字素材的状态下点击底部工具栏中的"编辑"按钮 Aα,如图6-5所示。

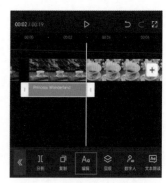

图6-4　　　　　　　图6-5

步骤03 进入文字编辑界面,在文本框中将文字内容修改为"中国茶文化",如图6-6所示,点击 ✓ 按钮。

步骤04 在时间线区域选中文字素材,将其右侧的白色边框向左拖动,使其持续时长缩短至1s,并点击"返回"按钮 《,如图6-7所示。

图6-6　　　　　　　图6-7

步骤05 将时间指示器移动至00:02处,在底部工具栏中点击"新建文本"按钮 A+,如图6-8所示。进入文字编辑界面,在文本框中输入"博大精深",如图6-9所示,点击 ✓ 按钮。

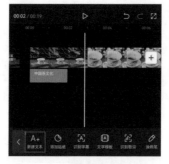

图6-8　　　　　　　图6-9

步骤06 参照步骤05的操作方法,在00:09处添加"源远流长"字幕,如图6-10所示。

步骤07 完成以上操作后,点击界面右上角的"导出"按钮,将视频保存至相册。

图6-10

6.1.2　新建文本

在时间线区域添加背景
素材后，在未选中任何素材
的状态下，点击底部工具栏
中的"文字"按钮**T**。在打
开的文字选项栏中，点击
"新建文本"按钮**A+**，如图
6-11和图6-12所示。

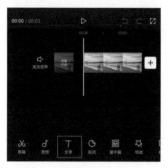

图6-11　　　　　　　　　　图6-12

此时界面底部将弹出键
盘，用户可以根据实际需求
输入文字，文字将同步显示
在预览区域，如图6-13所
示。完成操作后点击✓按
钮，即可在时间线区域生成
文字素材，如图6-14所示。

图6-13

图6-14

6.1.3　文字模板

平时在刷短视频时，很多用户应该都会在视频中看到一些很有意思的字幕，如一些小贴
士、小标签等。这些字幕可以在恰当的时刻很好地活跃视频的气氛，吸引观众，为视频画面大
大增色。在剪映中，可以利用"文字模板"快速添加字幕。

在剪辑项目中导入视频素材后，点击底部工具栏中的"文字"按钮■，打开文字选项栏，点击其中的"文字模板"按钮▣，如图6-15和图6-16所示。

图6-15

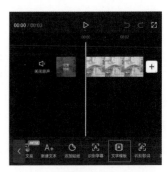
图6-16

打开文字模板选项栏，可以看到里面有旅行、带货、手写字等不同类别的文字模板，如图6-17所示。用户可以根据自己的实际需求进行选择，在选项栏中点击任意一款字幕即可将其添加至画面中，在预览区域还可以调整字幕的大小和位置，如图6-18所示。

图6-17

图6-18

6.1.4 涂鸦笔

使用剪映的"涂鸦笔"功能，用户可以直接在预览区域进行书写。在时间线区域添加背景素材后，在未选中任何素材的状态下，点击底部工具栏中的"文字"按钮■，如图6-19所示。在打开的文字选项栏中，点击"涂鸦笔"按钮✐，如图6-20所示。

图6-19

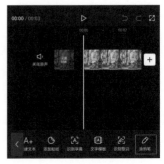
图6-20

118

打开涂鸦笔选项栏，可以看到“基础笔”和“素材笔”两个选项，如图6-21所示。在“基础笔”选项中选择任意一种样式，然后在界面底部设置好颜色和大小，即可在预览区域进行书写，如图6-22所示。

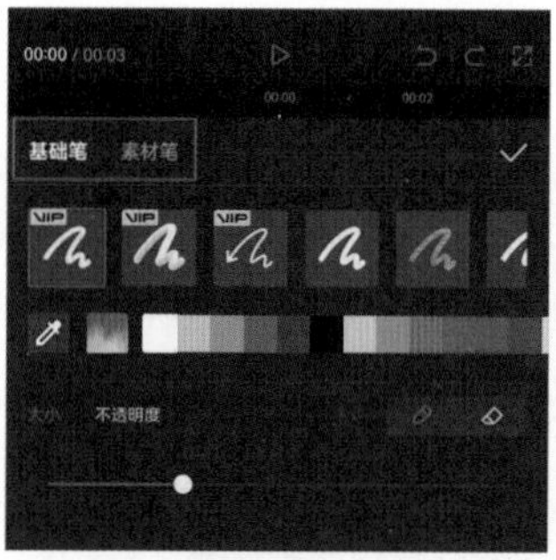

图6-21

图6-22

在界面底部点击“橡皮擦”按钮，即可在预览区域将书写的文字擦除，如图6-23所示。点击切换至“素材笔”选项，其应用方法与“基础笔”一样，选择任意一种样式，然后在界面底部设置好颜色和大小，即可在预览区域进行书写或绘制图形，如图6-24所示。

图6-23

图6-24

6.2 批量添加字幕

在剪映里，用户不仅可以手动添加字幕，也可以使用剪映的"识别字幕"和"识别歌词"功能将视频的语音自动转化为字幕，从而提高效率。

6.2.1 案例：制作MV

本案例将制作MV，帮助读者掌握批量添加歌词的操作方法。下面介绍具体的操作，效果如图6-25所示。

图6-25

步骤01 打开剪映App，进入素材添加界面选择一段视频素材，点击"添加"按钮，将素材添加至剪辑项目。

步骤02 进入视频编辑界面，点击底部工具栏中的"音频"按钮，如图6-26所示。打开音频选项栏，点击其中的"音乐"按钮，如图6-27所示。

图6-26

图6-27

步骤03 进入剪映的音乐素材库，在"伤感"选项中选择图6-28中的音乐。点击"使用"按钮，将其添加至剪辑项目，在未选中任何素材的状态下，点击底部工具栏中的"文字"按钮▎，如图6-29所示。

图6-28

图6-29

步骤04 打开文字选项栏，点击其中的"识别歌词"按钮▎，在底部浮窗中点击"开始匹配"按钮，如图6-30和图6-31所示。

图6-30

图6-31

步骤05 等待片刻，识别完成后，时间线区域将自动生成歌词字幕。选中任意一段字幕，点击底部工具栏中的"批量编辑"按钮▎，如图6-32所示，进入编辑界面，对歌词进行审校，如图6-33所示，完成后点击✓按钮保存操作。

步骤06 完成以上操作后，点击界面右上角的"导出"按钮，将视频保存至相册。

图6-32

图6-33

6.2.2　识别字幕

　　剪映内置的"识别字幕"功能可以对视频中的语音进行智能识别，然后将其自动转化为字幕。通过该功能，可以快速且轻松地完成字幕的添加工作，达到节省工作时间的目的。

　　在时间线区域添加背景素材后，在未选中任何素材的状态下，点击底部工具栏中的"文字"按钮▣，如图6-34所示。在打开的文字选项栏中，点击"识别字幕"按钮▣，如图6-35所示。

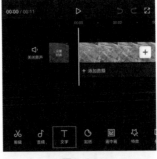

图6-34

图6-35

　　在底部浮窗中点击"开始匹配"按钮，如图6-36所示。等待片刻，识别完成后，将在时间线区域自动生成文字素材，如图6-37所示。

图6-36

图6-37

6.2.3　识别歌词

　　在剪辑项目中添加背景音乐后，通过"识别歌词"功能，可以对音乐的歌词进行自动识别，并生成相应的文字素材。这对于一些想要制作MV短片、卡拉OK视频效果的创作者来说，是一个让人非常省时省力的功能。

在剪辑项目中添加视频和音频素材后，在未选中素材的状态下，点击底部工具栏中的"文字"按钮**T**，如图6-38所示。在打开的文字选项栏中，点击"识别歌词"按钮，如图6-39所示。

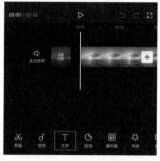
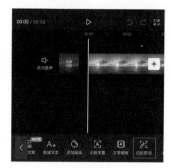

图6-38   图6-39

在底部浮窗中点击"开始匹配"按钮，如图6-40所示。等待片刻，识别完成后，将在时间线区域自动生成多段文字素材，并且生成的文字素材将自动匹配相应的时间点，如图6-41所示。

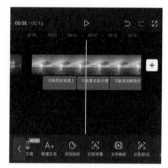

图6-40   图6-41

6.2.4 智能文案

剪映的"智能文案"功能可以根据视频内容和用户需求自动生成文案，帮助用户批量添加文案字幕。在剪辑项目中添加视频和音频素材后，在未选中素材的状态下，点击底部工具栏中的"文字"按钮**T**。打开文字选项栏后，点击其中的"智能文案"按钮，如图6-42所示，进入智能文案选项栏，可以看到"写讲解文案""写营销文案""文案推荐"3个选项，如图6-43所示。

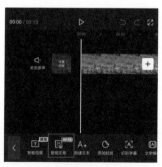

图6-42   图6-43

点击"写讲解文案",文本框有提示用户输入自己要求的文字，如图6-44所示。根据参考句式在文本框中输入文字"写一篇介绍花朵的文案"，如图6-45所示。

图6-44

图6-45

稍等片刻，剪映将自动生成一篇关于花朵的讲解文案，如图6-46所示。点击确认按钮，在底部浮窗中将出现3个选项，分别是"仅添加文本""文本朗读""添加数字人"，如图6-47所示，其具体含义如下。

仅添加文本： 只在视频中添加文本内容。

文本朗读： 添加文本内容的同时，还会生成与文本相对应的音频内容。

添加数字人： 添加文本内容的同时，还会在视频中添加数字人。

图6-46

图6-47

6.3 编辑视频字幕

在剪映中添加字幕后，用户还可以通过"编辑"功能设置字幕样式进一步美化字幕，或者使用剪映的"花字"和"贴纸"功能制作出各种精彩的艺术字效果。

6.3.1　案例：制作综艺花字

本案例将制作综艺花字，帮助读者掌握在剪映中编辑字幕的操作方法。下面介绍具体的操作，效果如图6-48所示。

图6-48

步骤01 打开剪映App，在素材添加界面选择一段背景视频素材并将其添加至剪辑项目中。在未选中任何素材的状态下点击底部工具栏中的"文字"按钮 T，如图6-49所示，打开文字选项栏，点击其中的"新建文本"按钮 A+，如图6-50所示。

图6-49

图6-50

步骤 02 在文本框中输入需要添加的文字内容，并点击切换至花字选项栏，选择图 6-51中的花字样式。在预览区域调整文字的大小和位置，点击☑按钮保存操作，再点击底部工具栏中的"返回"按钮《，如图6-52所示。

图6-51　　　　　　　　　　图6-52

步骤 03 点击底部工具栏中的"添加贴纸"按钮◐，如图6-53所示。打开贴纸选项栏，在搜索框中输入相应的关键词，点击键盘中的"搜索"按钮，如图6-54所示。

图6-53　　　　　　　　　　图6-54

步骤 04 在搜索出的贴纸选项中选择图6-55中的贴纸，并在预览区域中调整贴纸的大小和位置。

步骤 05 将时间指示器移动至希望文字素材和贴纸素材消失的位置，在时间线区域调整字幕轨道和贴纸轨道的长度，如图6-56所示。

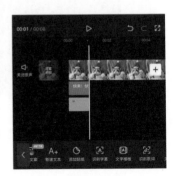

图6-55　　　　　　　　　　图6-56

图6-57

步骤 06 参照步骤01至步骤05的操作方法，根据视频的画面内容为视频添加其他的字幕和贴纸，如图6-57所示。

步骤 07 完成以上操作后，点击界面右上角的"导出"按钮，将视频保存至相册。

提示

使用剪映的"贴纸"功能，不需要用户掌握很高超的后期剪辑技巧，只需要用户具备丰富的想象力，以及掌握对各种贴纸的大小、位置和动画效果等进行调整的方法，即可轻松为普通的视频增添生机。

6.3.2　样式设置

设置字幕样式的方法有两种，第一种是在创建字幕时，点击文本输入栏下方的"样式"选项，切换至字幕样式选项栏，如图6-58所示。

第二种是，若用户在剪辑项目中已经创建了字幕，需要对文字的样式进行设置，则可以在时间线区域选中文字素材，然后点击底部工具栏中的"编辑"按钮 🅰，打开字幕样式选项栏，如图6-59和图6-60所示。打开字幕样式选项栏后，用户可以在里面对文字的颜色、描边、背景、阴影等属性进行设置。

图6-58

图6-59

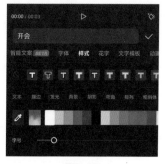

图6-60

6.3.3　花字效果

在观看综艺节目时，经常可以看到跟随情节跳出的彩色花字，这些字幕总是能恰到好处地活跃节目的气氛。剪映中也为用户提供了许多不同样式的花字效果，合理地利用这些花字，可以让视频呈现更好的视觉效果。

在剪辑项目中导入视频素材后，点击底部工具栏中的"文字"按钮🅃，打开文字选项栏。点击其中的"新建文本"按钮🄰➕，如图6-61和图6-62所示。

图6-61   图6-62

在文本框中输入符合短视频主题的文字内容，在预览区域中按住文字素材并拖曳，调整文字的位置，如图6-63所示。

点击文本输入栏下方的"花字"选项，切换至花字选项栏。在里面选择相应的花字样式，即可快速为文字应用花字效果，如图6-64所示。

图6-63   图6-64

6.3.4 添加贴纸

在视频中添加字幕之后，如果用户觉得太单调，可以尝试在画面中添加符合字幕主题的贴纸来点缀和装饰字幕，使画面效果更加生动有趣。添加贴纸的方法如下。

打开一个包含字幕素材的剪辑项目，在未选中任何素材的状态下点击"贴纸"按钮🕐，如图6-65所示。进入贴纸选项栏，可以看到种草、旅行、互动、指示、露营等类型的贴纸，点击其中任意一个贴纸，即可将其添加至画面中，在预览区域还可以调整贴纸的位置、大小和旋转角度，如图6-66所示。

图6-65　　　　　　　　　　　　　　　图6-66

6.3.5　字幕预设

　　启动剪映专业版软件，在剪辑项目中导入视频素材并将其添加到时间线区域。在工具栏中单击"文本"按钮 **T**，在"新建文本"选项中按住"默认文本"将其拖曳至时间线区域，即可添加一个文本轨道。

　　在文本功能区的文本框中输入需要添加的文字内容，并根据实际需要对文字的字体、颜色、描边等属性进行适当的设置。完成后点击下方的"保存预设"按钮，将设置的文本样式保存至新建文本选项的"我的预设"中，如图6-67所示。

　　将时间指示器移动至需要添加第2段文案的位置，在新建文本选项中按住"预设文本1"，将其拖曳至时间线区域，添加一段新的文本，然后在文本功能区的文本框中将文字修改为需要添加的文字内容，在预览区域可以看到刚刚输入的文案与第1段文案的样式一模一样，如图6-68所示。

图6-67

图6-68

6.4 制作字幕动画

在剪映中完成基本字幕的创建和调整之后，还可以为文字素材添加动画效果，让画面中的文字呈现更加精彩的视觉效果。

6.4.1 案例：制作古诗词朗诵视频

本案例将制作古诗词朗诵视频，帮助读者掌握制作字幕动画的操作方法。下面介绍具体的操作，效果如图6-69所示。

图6-69

步骤01 打开剪映App，在素材添加界面选择一段背景视频素材并将其添加至剪辑项目中。点击底部工具栏中的"文字"按钮 T，如图6-70所示，打开文字选项栏，点击其中的"识别字幕"按钮 A，如图6-71所示。

图6-70

图6-71

步骤02 在底部浮窗中点击"开始匹配"按钮，如图6-72所示。等待片刻，识别完成后，将在时间线区域自动生成朗诵字幕，在时间线区域选中第1段字幕素材，点击底部工具栏中的"编辑"按钮 Aa，如图6-73所示。

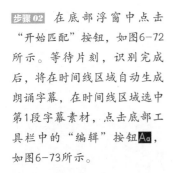

图6-72

图6-73

步骤 03 打开字体选项栏，选择"书法"类别中的"刘炳森"字体，如图6-74所示。点击切换至样式选项栏，选择"白底黑边"的样式，并将"字号"的数值设置为6，如图6-75所示。

图6-74

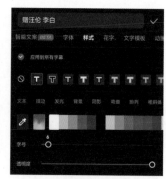
图6-75

步骤 04 在样式选项栏中点击"排列"选项，选择竖排，并将"字间距"的数值设置为2，如图6-76所示。取消选择"应用到所有字幕"选项，如图6-77所示，点击✓按钮保存操作。

图6-76

图6-77

步骤 05 在不改变起始时间点的情况下，在时间线区域，分别将第2段、第3段、第4段和第5段文字素材向下拖动，使它们各自分布在独立的轨道中，如图6-78所示。

步骤 06 完成上述操作后，在时间线区域调整文字素材的持续时长，使它们的尾部和视频素材的尾部对齐，并依次选择各文字素材，在预览区域对其位置进行调整，如图6-79所示。

图6-78

图6-79

步骤 *07*　在时间线区域选中第
1段文字素材，点击底部工具
栏中的"动画"按钮 ⓒ，如
图6-80所示，打开动画选项
栏，选择"入场"选项中的"向
下擦除"效果，并将动画时长设
置为1.5s，如图6-81所示，完
成后点击 ✓ 按钮保存操作。

步骤 *08*　参照步骤07的操作方
法，为其余4段文字素材添加
"向下擦除"的动画效果。
完成以上操作后，点击界面
右上角的"导出"按钮，将
视频保存至相册。

图6-80　　　　　　　　图6-81

提示
　　如果视频草稿中本身存在字幕轨道，在"识别字幕"选项
中选择"同时清空已有字幕"选项，可以快速清除原来的字幕
轨道。

6.4.2　动画效果

　　在剪映中打开一个包含文字素材的剪辑项目，在时间线区域选中文字素材，点击底部工具
栏中的"动画"按钮 ⓒ，如图6-82所示。打开动画选项栏，可以看到"入场""出场""循
环"3个选项，"入场"动画和"出场"动画一同使用，可以让文字的出现和消失都更自

然。选中其中一种"入场"
动画后，下方会出现控制动
画时长的滑动条，如图6-83
所示。

　　选择一种"出场"动画
后，底部将出现一个控制动画
时长的滑动条，通过滑动条
可以调节出场动画的时长，如
图6-84所示。

图6-82　　　　　　　　图6-83

　　"循环"动画往往是在
需要文字在画面中长时间停
留，且希望其有动态效果时
使用。在设置了循环动画
后，界面下方的动画时长滑
动条将更改为动画速度滑动
条，用于调节动画效果的快
慢，如图6-85所示。

图6-84　　　　　　　　图6-85

6.4.3　跟踪效果

在剪映中打开一个包含文字素材的剪辑项目，在时间线区域选中文字素材。此时，可以看到底部工具栏中有一个"跟踪"功能，使用该功能，可以制作出神奇的跟踪文字效果。下面介绍具体的操作方法。

在时间线区域选中文字素材后，点击底部工具栏中的"跟踪"按钮⊙，如图6-86所示。预览区域会出现一个黄色圆圈，将其移动至需要跟踪的物体上，然后把文字置于跟踪物体的上方，点击界面底部的"开始跟踪"按钮，如图6-87所示。

| 图6-86 | 图6-87 |

执行操作后，即可制作出跟踪文字的效果。点击"播放"按钮▷，在预览区域可以看到画面中的文字跟着人物一起移动，如图6-88所示。

图6-88

6.5　课后习题

本章介绍了在剪映中添加视频字幕、编辑视频字幕及制作字幕动画的相关知识，下面将通过课后习题帮助读者巩固所学知识。

6.5.1 操作题：制作打字效果

　　平常在刷短视频时，可以看到很多视频的标题都是通过打字效果进行展示的，这种效果的关键在于文字入场动画与音效的配合。本习题将介绍打字效果的具体制作方法，效果如图6-89所示。

图6-89

步骤01 打开剪映App，在素材添加界面选择一段背景视频素材并将其添加至剪辑项目中。点击底部工具栏中的"文字"按钮**T**，如图6-90所示，打开文字选项栏，点击其中的"新建文本"按钮**A+**，如图6-91所示。

图6-90

图6-91

步骤02 在文本框中输入需要添加的文字内容，并在字体选项栏中选择"悠悠然"字体，如图6-92和图6-93所示。

图6-92

图6-93

步骤03 点击切换至样式选项栏，将"字号"的数值设置为12，如图6-94所示。点击"排列"选项，将"字间距"的数值设置为10，将"行间距"的数值设置为12，如图6-95所示。

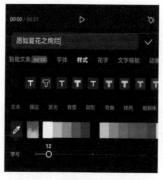

图6-94

图6-95

步骤04 点击切换至动画选项栏，在"入场"选项中选择"打字机Ⅰ"效果，拖动"动画时长"滑块，将其数值设置为3s，如图6-96所示，完成后点击☑️按钮保存操作。

步骤05 将时间指示器移动至视频的起始位置，在未选中任何素材的状态下，点击底部工具栏中的"音频"按钮🎵，如图6-97所示。

图6-96

图6-97

步骤06 打开音频选项栏，点击其中的"音效"按钮🎤，如图6-98所示。在音效选项栏中选择"机械"选项中的"打字机键盘敲击声2"音效，如图6-99所示。

图6-98

图6-99

步骤07 选择音效素材，将其右侧的白色边框向左拖动，使其尾端和字幕素材的尾端对齐，并点击底部工具栏中的"音量"按钮🔊，如图6-100所示。在底部浮窗中拖动白色圆圈滑块，将其数值设置为253，如图6-101所示。

步骤08 完成以上操作后，点击界面右上角的"导出"按钮，将视频保存至相册。

制作打字动画效果的关键在于使打字音效与文字出现的时机相匹配，所以在添加音效之后，需要反复试听，然后再适当调整动画时长。

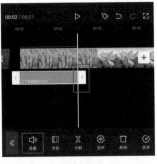

图6-100

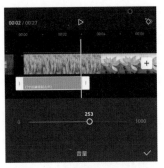

图6-101

6.5.2 操作题：制作卡拉OK字幕

使用剪映的"卡拉OK"文本动画，可以制作出和真实卡拉OK中一样的字幕效果，歌词字幕会随音乐一个字接着一个字地慢慢改变颜色。本习题将介绍该字幕的具体制作方法，效果如图6-102所示。

图6-102

步骤01 启动剪映专业版软件，在本地素材库中导入一段视频素材，并将其拖曳至时间线区域。单击"文本"按钮 **TI**，切换至"识别歌词"选项，如图6-103所示，单击"开始识别"按钮。

图6-103

步骤 02 稍等片刻，轨道中即可自动生成对应的歌词字幕，如图6-104所示。

步骤 03 选择任意一段字幕素材，在播放器的显示区域中调整文字的大小和位置，如图6-105所示。

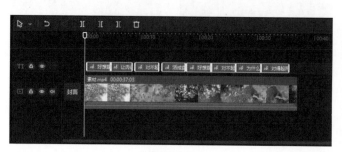

图6-104

图6-105

步骤 04 在时间线区域选中第1段文字素材，单击"动画"按钮。在"入场"动画中选择"卡拉OK"选项，并拖动"动画时长"滑块至最右侧，如图6-106所示。

图6-106

步骤 05 参照步骤04的操作方法，为其他歌词内容添加"卡拉OK"文本动画效果，如图6-107所示。

图6-107

步骤 06 完成以上操作后，单击界面右上角的"导出"按钮，将视频保存至相册。

第 **7** 章

视频抠像与合成

在制作短视频的时候，用户可以在剪映中使用蒙版、画中画、智能抠像和色度抠图等工具来进行视频抠像与合成，这样能够让短视频更加炫酷、精彩。本章将介绍视频抠像与合成的相关知识，帮助读者制作更有吸引力的短视频。

学习要点

- 掌握视频合成的方法
- 掌握视频抠像的方法
- 了解混合模式

7.1 视频合成

在制作短视频的时候，用户可以使用剪映的蒙版、画中画等功能来制作合成效果，这样能够让短视频更加炫酷、精彩，如制作常见的电影感回忆和分屏显示效果。

7.1.1 案例：制作电影感回忆效果

本案例将制作电影感回忆效果视频，帮助读者掌握在剪映中进行视频合成的方法。下面介绍具体的操作，效果如图7-1所示。

图7-1

步骤01 打开剪映App，在素材添加界面选择一段背景视频和一段回忆视频添加至剪辑项目中。在时间线区域选中回忆视频，点击底部工具栏中的"切画中画"按钮❌，如图7-2所示，将其切换至背景视频的下方。再在预览区域将回忆视频缩小置于画面的左上方，并点击底部工具栏中的"蒙版"按钮◙，如图7-3所示。

步骤02 打开蒙版选项栏，选择其中的"圆形"蒙版，并在预览区域调整蒙版的大小和位置。按住"羽化"按钮⬇将蒙版向下拖动，使其边缘变得更加柔和。调整好后点击✔按钮，如图7-4所示。

图7-2   图7-3   图7-4

步骤 03 在时间线区域选中回忆视频,将时间指示器移动至视频的起始位置,点击界面中的◇ 按钮,添加一个关键帧,如图7-5所示。

步骤 04 点击底部工具栏中的"不透明度"按钮⬡,如图7-6所示,在底部浮窗中拖动白色圆圈滑块,将数值设置为0,如图7-7所示,点击✓按钮保存操作。

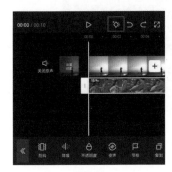

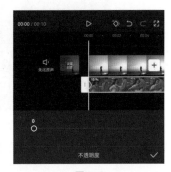

图7-5   图7-6   图7-7

步骤 05 将时间指示器移动至 00:03处,点击底部工具栏中的 "不透明度"按钮⬡,如 图7-8所示,在底部浮窗中拖 动白色圆圈滑块,将数值设置 为100。此时剪映将会自动在 时间指示器所在位置创建一个 关键帧,如图7-9所示。

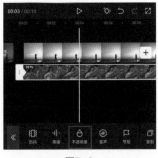

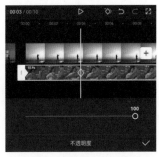

图7-8   图7-9

步骤 06 完成以上操作后，再为视频添加一首合适的背景音乐，即可点击界面右上角的"导出"按钮，将视频保存至相册。

7.1.2 画中画

"画中画"就是使画面中再出现一个画面。"画中画"功能不仅能使两个画面同步播放，还能实现简单的画面合成操作，制作出很多创意视频，如让一个人分饰两角，或是实现"隔空"对唱、多屏显示等效果。

在剪映项目中添加背景素材后，在未选中任何素材的状态下，点击底部工具栏中的"比例"按钮■，如图7-10所示。打开比例选项栏，选择其中的9:16选项，如图7-11所示。

 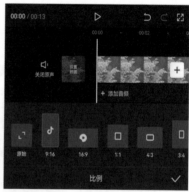

图7-10   图7-11

在未选中任何素材的状态下，点击底部工具栏中的"画中画"按钮■，再点击"新增画中画"按钮■，如图7-12和图7-13所示。进入素材添加界面，选择一段新的素材将其导入剪辑项目，并在预览区域调整两段素材的大小和位置，即可使两段素材在同一个画面中出现，如图7-14所示。

提示

由于剪映专业版的编辑界面更大，所以各轨道均可完整显示在时间线中。因此，在剪映专业版中无须使用"画中画"功能，直接将一段素材拖动到主视频轨道的上方，即可实现多轨道，即剪映App的"画中画"效果。

图7-12

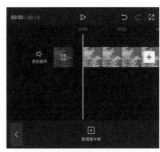
图7-13

图7-14

7.1.3 蒙版

"蒙版"也可以称为"遮罩"，是编辑处理视频时非常实用的一项功能。使用"蒙版"功能可以轻松地遮挡部分画面或显示部分画面。

在剪映中添加蒙版的操作很简单，首先在时间线区域选中素材，然后点击底部工具栏中的"蒙版"按钮◙，如图7-15所示。在打开的蒙版选项栏中，可以看到不同形状的蒙版选项，在选项栏中点击需要添加的蒙版，即可将选中的蒙版应用到所选素材中，如图7-16所示。

图7-15

图7-16

添加完蒙版之后，用户还可以在预览区域手动调整蒙版的大小和位置，并拖动  按钮将蒙版羽化，使其边缘更加柔和，如图7-17所示。

图7-17

7.2 视频抠像

剪映的"智能抠像"功能可以快速将人物从画面中抠出来，从而进行替换人物背景等操作。"色度抠图"可以将绿幕或者蓝幕下的景物快速抠取出来，方便进行视频图像的合成。

7.2.1 案例：制作穿越手机特效

本案例将制作穿越手机特效视频，帮助读者掌握在剪映中进行视频抠像的方法。下面介绍具体的操作，效果如图7-18所示。

图7-18

步骤01 打开剪映App，在素材添加界面选择一段古装人物的视频素材，完成选择后点击切换至"素材库"选项，如图7-19所示。在界面顶部的搜索栏中输入"手机"，如图7-20所示，点击键盘中的"搜索"按钮。

步骤02 在搜索出的手机素材中选择图7-21中的视频素材，完成选择后点击界面右下角的"添加"按钮将其添加至剪辑项目中。

图7-19

图7-20

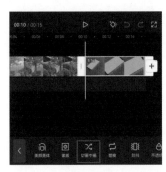

图7-21

步骤 03 进入视频编辑界面，在时间线区域选中手机素材，点击底部工具栏中的"切画中画"按钮 ✂，如图7-22所示。并将其移动至背景视频素材的下方，在预览区域将其放大，使其铺满整个画面，如图7-23所示。

图7-22

图7-23

步骤 04 在时间线区域选中手机素材，点击底部工具栏中的"抠像"按钮 ，如图7-24所示。打开抠像选项栏，点击其中的"色度抠图"按钮 ，如图7-25所示。

图7-24

图7-25

145

步骤05 在默认的"取色器"选项下，在预览区域将取色器移动至绿色的画面上，如图7-26所示。

步骤06 在底部浮窗中点击"强度"按钮 ▣，并拖动白色圆圈滑块，将其数值设置为100，如图7-27所示。再点击"阴影"按钮 ◉，拖动白色圆圈滑块，将其数值设置为100，如图7-28所示。

步骤07 完成以上操作后，点击界面右上角的"导出"按钮，将视频保存至相册。

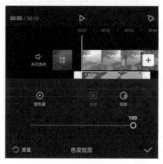
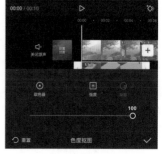

| 图7-26 | 图7-27 | 图7-28 |

提示

用户在完成抠图操作后，若是发现画面中有些许绿幕或蓝幕的颜色残留，可以在剪映的HSL模块中选中绿色元素，然后将其饱和度降到最低，以去除残留的颜色。

7.2.2 智能抠像

剪映中的"智能抠像"功能可以快速识别画面中的人物，去除人物背景，将人物从画面中抠出来。但"智能抠像"功能并非在任何情况下都能够近乎完美地抠出画面中的人物，如果希望提高"智能抠像"功能的准确度，建议选择人物与背景具有明显的明暗或者色彩差异的画面。

在剪映中导入一张人物图像素材和一张背景素材。在时间线区域选中人物图像素材，点击底部工具栏中的"切画中画"按钮 ⤬，如图7-29所示。将其移动至背景视频素材的下方，点击底部工具栏中的"抠像"按钮 ⤵，如图7-30所示。

| 图7-29 | 图7-30 |

打开抠像选项栏，点击其中的"智能抠像"按钮，如图7-31所示。此时人物的背景将

被去除，如图7-32所示。点击✔按钮保存操作，然后在预览区域将人物素材缩小，使人物位于草地的正中央。至此，人物的背景便替换完成了，效果如图7-33所示。

图7-31　　　　　　　　图7-32　　　　　　　　图7-33

提示

当用户点击"智能抠像"按钮后，系统会自动进行抠像。若用户对抠图效果不满意，可以取消抠图操作，在底部浮窗中点击"关闭抠像"按钮即可。

7.2.3　自定义抠像

"智能抠像"功能是系统自动识别画面中的人物进行抠图，而"自定义抠像"功能则不同，需要用户使用"快速画笔"工具选取人物，从而进行抠图。下面介绍具体的操作方法。

在剪映中导入一张人物图像素材和一张背景素材，在时间线区域选中人物图像素材，使用"切画中画"功能，将其移动至背景视频素材的下方。点击底部工具栏中的"抠像"按钮，如图7-34所示，打开抠像选项栏，点击其中的"自定义抠像"按钮，如图7-35所示。

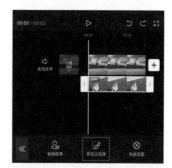

图7-34　　　　　　　　图7-35

在默认的"快速画笔"选项下，在预览区域手动选取画面中的人物，如图7-36所示，完成选取后点击✓按钮。此时已将人物的原有背景画面去除，如图7-37所示。

图7-36   图7-37

7.2.4 色度抠图

"色度抠图"功能需要结合绿幕或蓝幕素材使用，其操作方法比"智能抠像"功能复杂一些。

打开剪映App，在素材添加界面选择一段背景素材后，点击切换至"素材库"选项。在"绿幕"类别中选择图7-38中的素材，完成选择后点击界面右下角的"添加"按钮将其添加至剪辑项目中。

进入视频编辑界面，在时间线区域选中绿幕素材，点击底部工具栏中的"切画中画"按钮✂，如图7-39所示。

将素材移动至背景视频素材的下方，在时间线区域选中绿幕素材，点击底部工具栏中的"抠像"按钮👤，如图7-40所示。

图7-38   图7-39   图7-40

打开抠像选项栏，点击其中的"色度抠图"按钮◙，如图7-41所示。

在默认的"取色器"选项下，在预览区域将取色器移动至绿色的画面上，如图7-42所示。在底部浮窗中点击"强度"按钮▣，并拖动白色圆圈滑块，将其数值设置为100，即可将画面中的绿色元素去除，如图7-43所示。

图7-41

图7-42

图7-43

7.3 混合模式

剪映为用户提供了多种视频混合模式，用户利用这些混合模式，可以制作出漂亮而自然的视频效果。

7.3.1 案例：合成新年烟花特效

本案例将在剪映App中合成新年烟花特效，帮助读者掌握混合模式的应用。下面介绍具体的操作，效果如图7-44所示。

图7-44

步骤01 打开剪映App，在素材添加界面选择一段背景视频和一段烟花视频添加至剪辑项目中。在时间线区域选中烟花视频，点击底部工具栏中的"切画中画"按钮❌，如图7-45所示，将其移动至背景视频的下方，如图7-46所示。

图7-45

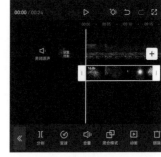

图7-46

步骤02 在时间线区域选中背景素材，将其右侧的白色边框向左拖动，使其和烟花素材的长度一致，如图7-47所示。

步骤03 在时间线区域选中烟花素材，点击底部工具栏中的"混合模式"按钮🔲，如图7-48所示。

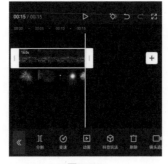

图7-47

图7-48

步骤04 打开混合模式选项栏，选择其中的"滤色"效果，如图7-49所示，点击 ✓ 按钮。在预览区域将烟花素材缩小并适当向上移动，如图7-50所示。

步骤05 完成以上操作后，再为视频添加一首合适的背景音乐，即可点击界面右上角的"导出"按钮，将视频保存至相册。

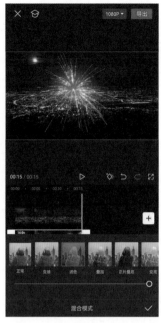

图7-49　　　　　　　　　　　图7-50

7.3.2　滤色

滤色模式是将图像的基色与混合色结合起来，产生比两种颜色都浅的第三种颜色。通过该模式转换后的效果颜色通常很浅，并且较亮。滤色模式的工作原理是保留图像中的亮色，利用这个特点，在对婚纱进行处理时可以采用滤色模式。因为滤色有提亮作用，也可以解决曝光度不足的问题。应用效果如图7-51所示。

图7-51

7.3.3　正片叠底

正片叠底模式是将基色与混合色相乘，然后再除以255得到结果色。结果色总是比原来的颜色更暗。当任何颜色与黑色进行正片叠底时，得到的颜色仍为黑色，因为黑色的像素值为0；当任何颜色与白色进行正片叠底时，颜色保持不变，因为白色的像素值为255。应用效果如图7-52所示。

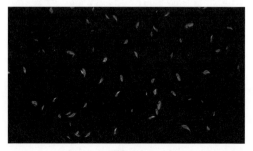

图7-52

7.3.4 强光

强光模式是正片叠底模式与滤色模式的组合。它可以产生强光照射的效果，根据当前图层颜色的明暗程度来决定最终的效果是变亮还是变暗。如果混合色比基色亮，那么结果色更亮；

如果混合色比基色暗，那么结果色更暗。这种模式实质上同柔光模式相似，区别在于它的效果要比柔光模式更强烈。在强光模式下，当前图层中比50%灰色亮的像素会使图像变亮；比50%灰色暗的像素会使图像变暗，但当前图层中纯黑色和纯白色将保持不变。应用效果如图7-53所示。

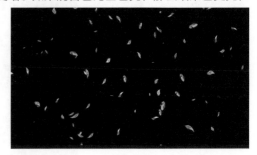

图7-53

7.3.5 其他模式

剪映的混合模式选项栏中共包含10个选项，除了上述介绍的滤色、正片叠底和强光模式之外，还包含变暗、叠加、变亮、柔光、线性加深、颜色加深、颜色减淡等模式。下面分别进行介绍。

1. 变暗

变暗模式是混合两个图层像素的颜色时，对这二者的RGB值分别进行比较，取二者中较低的值，再组合成为混合后的颜色，所以呈现的颜色灰度降低，使图像产生变暗的效果。应用效果如图7-54所示。

2. 叠加

叠加模式可以根据背景层的颜色，将混合层的像素进行相乘或覆盖，不替换颜色，而是基色与叠加色相混，以反映原色的亮度或暗度。该模式对于中间色调影响较为明显，对于高亮度区域和暗调区域影响不大。应用效果如图7-55所示。

图7-54

图7-55

3. 变亮

变亮模式与变暗模式的结果相反。比较基色与混合色，把比混合色暗的像素替换掉，比混合色亮的像素不变，从而使整个图像产生变亮的效果。应用效果如图7-56所示。

4. 柔光

柔光模式的效果与发散的聚光灯照在图像上的效果相似。该模式根据混合色的明暗来决定图像的最终效果是变亮还是变暗。如果混合色比基色亮，那么结果色将更亮；如果混合色比基色暗，那么结果色将更暗，图像的亮度反差增大。应用效果如图7-57所示。

图7-56

图7-57

5. 线性加深

线性加深模式是通过降低亮度使基色变暗来反映混合色。任何颜色与黑色混合产生黑色，任何颜色与白色混合保持不变。应用效果如图7-58所示。

6. 颜色加深

颜色加深模式是通过增加对比度使基色变暗，从而反映混合色，素材图层相互叠加可以使图像暗部更暗。当混合色为白色时，则不产生变化。应用效果如图7-59所示。

图7-58

图7-59

7. 颜色减淡

颜色减淡模式是通过降低对比度使基色变亮，从而反映混合色。当混合色为黑色时，则不产生变化。颜色减淡模式的效果类似于滤色模式。应用效果如图7-60所示。

图7-60

7.4 课后习题

本章介绍了在剪映中进行视频抠像与合成的相关知识，下面将通过课后习题帮助读者巩固所学知识。

7.4.1 操作题：制作人物分身效果

人物分身合体效果主要使用剪映的"画中画""定格""智能抠像"这三大功能制作而成。本习题将介绍具体的操作方法，效果如图7-61所示。

图7-61

步骤01 打开剪映App，在素材添加界面选择一段人物走路的视频素材添加至剪辑项目中。将时间指示器移动至想要定格的位置，选中素材，点击底部工具栏中的"定格"按钮■，如图7-62所示。

步骤02 在时间线区域选中定格片段，点击底部工具栏中的"切画中画"按钮✂，并将定格片段移动至主视频轨道的下方，如图7-63和图7-64所示。

图7-62

图7-63

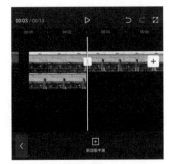

图7-64

步骤 03 参照上述操作方法，制作第2和第3个定格片段。使第2个定格片段的尾端与主视频轨道中的第2段素材的尾端对齐，第3个定格片段的尾端与主视频轨道中的第3段素材的尾端对齐，如图7-65和图7-66所示。

图7-65

图7-66

步骤 04 在时间线区域选中第1个定格片段，点击底部工具栏中的"抠像"按钮 ，如图7-67所示。打开抠像选项栏，点击其中的"智能抠像"按钮 ，如图7-68所示。

图7-67

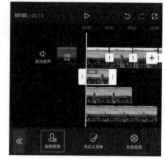

图7-68

步骤 05 在时间线区域选中第2个定格片段，点击底部工具栏中的"智能抠像"按钮 ，预览区域将出现两个人物，如图7-69所示。

步骤 06 在时间线区域选中第3个定格片段，点击底部工具栏中的"智能抠像"按钮 ，预览区域将出现4个人物，如图7-70所示。

步骤 07 完成以上操作后，再为视频添加一首合适的背景音乐，即可点击界面右上角的"导出"按钮，将视频保存至相册。

图7-69

图7-70

7.4.2 操作题：制作水墨古风短片

本习题将制作一条水墨古风短片，主要使用水墨素材和剪映混合模式中的滤色模式。下面介绍具体的操作方法，效果如图7-71所示。

图7-71

步骤01 启动剪映专业版软件，导入4段古风人物视频素材，并将其拖曳至时间线区域。选中素材01，在素材调整区域单击切换至变速选项栏，在"常规变速"选项中拖动白色滑块，将数值设置为2.0x，如图7-72所示。

步骤02 参照步骤01的操作方法，将素材02的播放速度设置为2.0x，如图7-73所示。

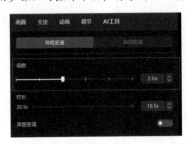

图7-72

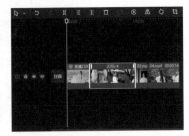

图7-73

步骤03 在本地素材库中选择水墨素材，并将其拖曳至时间线区域，置于素材01的上方，如图7-74所示。

步骤04 选中水墨素材，在素材调整区域单击"混合模式"选项右侧的下拉按钮，展开下拉列表，选择其中的"滤色"选项，如图7-75所示。

图7-74

图7-75

步骤 05 将时间指示器移动至水墨素材的尾端，选中素材01，单击工具栏中的"向右裁剪"按钮，如图7-76所示，即可在时间指示器所在位置对素材01进行分割，并自动删除分割出的后半段素材，如图7-77所示。

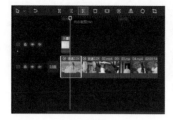

图7-76

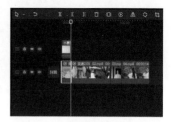

图7-77

步骤 06 在时间线区域复制水墨素材，并将其粘贴至素材02的上方，如图7-78所示。

步骤 07 将时间指示器移动至第2段水墨素材的尾端，选中素材02，单击工具栏中的"向左裁剪"按钮，如图7-79所示。

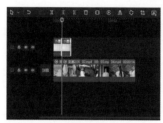

图7-78

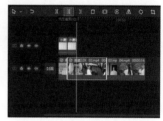

图7-79

步骤 08 此时即可在时间指示器所在位置对素材02进行分割，并自动删除分割出的前半段素材，如图7-80所示。参照步骤05的操作方法对素材02进行剪辑，使其长度和水墨素材的长度一致，如图7-81所示。

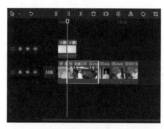

图7-80

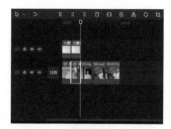

图7-81

步骤 09 参照步骤06的操作方法，在素材03和素材04的上方粘贴水墨素材，并参照步骤05的操作方法对素材04和素材05进行剪辑，使其长度和上方的水墨素材长度一致，如图7-82所示。

步骤 10 完成以上操作后，再为视频添加一首合适的音乐，即可单击界面右上角的"导出"按钮，将视频导出至指定位置。

图7-82

第 **8** 章

制作转场效果

转场指的是视频段落、场景间的过渡或切换。合理应用转场效果能够使画面的衔接更为自然。不仅如此，"看不见"的转场能够使观众忽略剪辑的存在，更加沉浸于故事之中；而"看得见"的转场则能使画面显得更为酷炫、精彩，给观众留下深刻的印象。本章将介绍转场效果的相关知识。

学习要点

- 了解无技巧转场
- 了解有技巧转场
- 了解剪映自带的转场效果
- 制作创意转场效果

8.1 无技巧转场

无技巧转场是指使镜头之间自然过渡，也就是"硬切"，强调视觉上的流畅和逻辑上的连贯。无技巧转场对于拍摄素材的要求较高，并不是任何两个镜头都适合使用此种方式进行转场。如果要使用无技巧转场，需要注意寻找合理的转换因素，做好前期的拍摄准备工作。

8.1.1 案例：制作情感短片

本案例将制作一条情感短片，帮助读者掌握使用无技巧转场的方法。下面介绍具体的操作，效果如图8-1所示。

图8-1

步骤 01 打开剪映App，在素材添加界面选择一段情侣牵手的特写素材并将其添加至剪辑项目中。选中该素材，将其右侧的白色边框向左拖动，使其时长缩短至3.6s，如图8-2所示。点击时间线区域的➕按钮，如图8-3所示。

图8-2

图8-3

步骤02 进入素材添加界面，选择3段关于情侣的视频素材添加至剪辑项目中，并对其进行适当裁剪，如图8-4所示。

步骤03 参照步骤01和步骤02的操作方法，在第4段素材的后方添加一段关于同心锁的空镜头，并将其时长缩短至4.4s，如图8-5所示。

图8-4

图8-5

步骤04 参照步骤01和步骤02的操作方法，在同心锁素材的后方添加一段情侣出游的素材，并将其时长缩短至4.6s，如图8-6所示。

步骤05 在情侣出游素材后方添加一段情侣牵手的特写素材，并将其时长缩短至2.5s，如图8-7所示。

步骤06 完成以上操作后，再为视频添加一首合适的背景音乐，即可点击界面右上角的"导出"按钮，将视频保存至相册。

图8-6

图8-7

8.1.2　主观镜头转场

主观镜头表现的是画面中人物看到的场景。主观镜头转场通常指上一个镜头是主体人物的观望动作，下一个镜头接他看到的人或物，这种转场方式可以让观众产生身临其境的感觉。

在后期制作时，剪辑一些对话场景时一般会用到主观镜头转场，如谁说话镜头就给谁，这个人说完后会盯着对方看他的反应，然后下个镜头就切给对方，如图8-8所示。切给对方的这个镜头就是说话者的主观镜头，这样就很自然地实现了主观镜头转场。

图8-8

8.1.3 空镜头转场

空镜头是指镜头中只有景或物，没有人，通常用于介绍背景、交代时间、抒发人物情绪、推进故事情节等。空镜头转场就是使用没有明确人物形象的空镜头来衔接前后两个镜头。例如，一对情侣在吃棉花糖的画面通过主体为同心锁的空镜头转场到桥上，一对情侣牵着手在散步，如图8-9所示。

图8-9

 提示

为了满足后期剪辑的需要，一般在前期拍摄时需要有意识地拍摄一些空镜头备用。

8.1.4 特写转场

特写转场具有强调细节的作用，一般用于强调人物的内心活动或情绪。特写转场指的是观众的注意力集中在某一人物的内心活动或某一物体上时转换场景，这样不会使观众产生不适感。例如，一位女士坐在椅子上看书的画面接教孩子读书的特写，再接抱着孩子坐在树下阅读的画面，读书特写画面就将前后两个镜头和谐地连接在了一起，如图8-10所示。

图8-10

提示

在实际拍摄时，可以有意识地拍摄一些场景内的特写镜头，这些镜头在后期剪辑中遇到转场不好处理的情况时可以使用。

8.1.5 其他转场

除了上述介绍的主观镜头转场、空镜头转场和特写转场外，常用的无技巧转场还有出入画转场、遮挡转场、匹配转场、相似物转场等。下面将分别进行介绍。

1. 出入画转场

出入画转场是视频剪辑中一种常用的无技巧转场方式，剪辑时需要用两个或多个镜头表示一个持续的动作，前后镜头靠逻辑连接。一般在前一镜头的结尾，运动主体出画；在后一镜头的开始，运动主体入画。入画的方向要同前一镜头的方向保持一致，也就是运动方向需匹配，如图8-11所示。出画和入画的主体可以是人、动物、车辆等。主体出画可以带给观众短暂的悬念，主体入画则可以回应这一悬念。

图8-11

2. 遮挡转场

遮挡转场指的是两个镜头通过被遮挡的画面相连接，通常以画面被挡黑的形式出现，在即将完成一个镜头的拍摄时，用一些物体将镜头挡住，获得遮挡画面。以同样的遮挡画面作为下一个镜头的开场画面，将这两个镜头组接在一起，即可获得流畅的转场效果。除了直接将镜头挡黑以外，还可以用玻璃遮挡制作模糊效果，或者配合运镜将墙壁、横梁、门框等作为遮挡物实现场景转换，如图8-12所示。

图8-12

图8-12（续）

3. 匹配转场

匹配转场分为镜头匹配和声音匹配两种。镜头匹配是使用相似的镜头角度、焦距或运动来实现转场。例如，一个镜头从一扇窗户向外拍摄，然后转场到外部景色，这两个场景可以使用相似的镜头角度和运动来匹配，使观者感觉像是从一个场景无缝过渡到另一个场景，如图8-13所示。

而声音匹配则是通过声音提示的方式进行转场，如在前一个镜头中响起了钢琴弹奏的声音，下个镜头就出现有人弹奏钢琴的画面，这样的转场符合观众的心理预期，能够使画面实现平滑过渡。

图8-13

4. 相似物转场

相似物转场通常配合特写镜头出现。在一个镜头快结束时，推镜头拍摄某一物体的局部特写，然后使下一个镜头的开场画面中出现与该物体相似的物体，拉镜头将画面转换至下一个场景，从而实现场景转换，如图8-14所示。

图8-14

有技巧转场

有技巧转场指的是使用一些技巧连接前后镜头，如叠化、淡入/淡出、虚化、划入/划出等技巧。有技巧转场通常是多种技巧的结合使用，能让剪辑变得自然、流畅。

8.2.1 案例：制作悬疑短片

本案例将制作一条悬疑短片，帮助读者掌握使用有技巧转场的方法。下面介绍具体的操作，效果如图8-15所示。

图8-15

步骤01 打开剪映App，在素材添加界面选择7段视频素材添加至剪辑项目中，并将其裁剪至合适时长，如图8-16所示。然后点击底部工具栏中的"画中画"按钮，如图8-17所示。

图8-16

图8-17

步骤02 点击"新增画中画"按钮 🖼️，如图8-18所示，进入素材添加界面。点击切换至素材库，选择其中的黑场素材添加至剪辑项目中，并将其时长调整至1s。在预览区域将其放大，使其覆盖整个画面，如图8-19所示。

步骤03 在时间线区域选中黑场素材，点击底部工具栏中的"复制"按钮 📋，如图8-20所示。在画中画轨道复制一段一模一样的素材，并将其移动至第5段和第6段素材之间，如图8-21所示。

步骤04 完成以上操作后，再为视频添加一首合适的背景音乐，即可点击界面右上角的"导出"按钮，将视频保存至相册。

图8-20

图8-18

图8-19

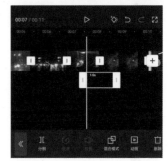

图8-21

8.2.2 白/黑屏转场

白屏会伴随光等元素，让人不自觉地眨眼，在人眨眼的同时实现无缝转场。白屏通常可以用来表示梦境，如前一个镜头是一个人躺在沙发上睡觉，后一个镜头切换至另一个场景，中间使用白屏转场，表示后面这个镜头的画面是人物的梦境，如图8-22所示。而黑屏是指画面渐渐变成黑色，可让观众对下一个镜头产生期待。

图8-22

8.2.3 叠化转场

叠化转场即一个镜头融入另一个镜头，简单来说就是第一个镜头渐渐消失的同时第二个镜头渐渐显示，从而实现"你中有我，我中有你"的转场效果，如图8-23所示，可以看到中间的转场效果示意图中既有人物睡觉的画面又有阳台的画面。在使用叠化转场时，叠化的时间可长可短，使画面的转换保持流畅即可。

图8-23

> **提示**
> 无论是有技巧转场还是无技巧转场，都应该考虑观众的观看习惯和心理的接受能力，这样才能让镜头组接更加流畅、自然，让观众感到舒适。

8.2.4 其他转场

除了上述介绍的白/黑屏转场和叠化转场外，常用的有技巧转场还有划入/划出转场、虚化转场等。下面将分别进行介绍。

1. 划入/划出

划入/划出即一个画面的边缘线划过另一个画面，如图8-24所示。这条边缘线有时是直线，有时是波浪线，有时是图形，如果是圆形，划入/划出就会变成圈入/圈出。

图8-24

2. 虚化转场

虚化转场是指将上一个镜头慢慢调虚，直到完全模糊，下一个镜头则从虚像开始慢慢变清晰，好像一个人慢慢地闭上了眼睛，又慢慢睁开眼睛一样，如图8-25所示。

图8-25

8.3 剪映自带的转场效果

　　剪映拥有丰富的转场效果，点击素材之间的"转场"按钮`|`便可以进入转场选项栏。进入转场选项栏后，列表上方可以选择转场效果的种类，选中任意一种转场效果后，拖动底部的白色圆圈滑块可以设置转场的持续时间。

8.3.1　案例：为视频添加转场效果

　　本案例将为视频添加转场效果，帮助读者掌握在剪映中添加转场效果的方法。下面介绍具体的操作，效果如图8-26所示。

图8-26

步骤01 打开剪映App，在素材添加界面选择7段视频素材添加至剪辑项目中，并将其裁剪至合适时长。点击第1段素材和第2段素材之间的"转场"按钮`|`，打开转场选项栏，如图8-27和图8-28所示。

图8-27

图8-28

步骤02 在"叠化"选项中选择"叠加"效果,如图8-29所示。点击界面左下角的"全局应用"按钮■,在所有片段之间添加"叠加"转场效果,如图8-30所示。

步骤03 完成以上操作后,再为视频添加一首合适的背景音乐,即可点击界面右上角的"导出"按钮,将视频保存至相册。

图8-29 图8-30

8.3.2 运镜转场

"运镜"转场类别中包含了推近、拉远、顺时针旋转、逆时针旋转、向左、向右等转场效果,这一类转场效果在画面切换过程中,会产生一定的回弹感和运动模糊效果。图8-31所示为"运镜"转场类别中"拉远"效果。

图8-31

8.3.3 MG动画转场

MG动画是一种包括文本、图形信息、配音配乐等内容,以简洁有趣的方式描述相对复杂概念的艺术表现形式,是一种能有效与受众交流的信息传播方式。在MG动画制作中,场景之间转换的过程就是"转场"。MG动画转场设计可以使视频更流畅、自然,视觉效果更富有吸引力,从而加深观众的印象。图8-32所示为MG动画转场类别中的"向右流动"效果。

图8-32

8.3.4 幻灯片转场

"幻灯片"类别中包含了翻页、立方体、倒影、百叶窗、风车、万花筒等转场效果,这一类转场效果主要是通过一些简单的画面运动和图形变化来实现两个画面之间的切换。图8-33所示为"幻灯片"类别中"立方体"效果。

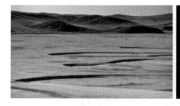

图8-33

8.3.5 综艺转场

"综艺"转场的类别中包含了电视故障、打板转场、弹幕转场、气泡转场等转场效果。这一类转场效果包含了很多趣味综艺元素,可以为视频营造一种轻松、有趣的氛围。图8-34为"综艺"转场类别中的"弹幕转场"效果。

图8-34

8.4 制作创意转场效果

在短视频中,转场镜头非常重要,它发挥着划分层次、连接场景、转换时空和承上启下的作用。利用合理的转场手法和技巧,能满足观众的视觉需求,保证其视觉的连贯性。下面介绍几种常见的创意转场效果的制作方法。

8.4.1 案例:制作瞳孔转场效果

本案例将制作瞳孔转场效果视频,帮助读者掌握在剪映中使用蒙版和关键帧制作转场效果的方法。下面介绍具体的操作,效果如图8-35所示。

图8-35

步骤01 打开剪映App，在素材添加界面选择一段人物脸部特写视频添加至剪辑项目中。选中视频素材，将时间指示器移动至00:02处，点击界面中的◇按钮，添加一个关键帧，如图8-36所示。再将时间指示器移动至视频的尾端，在预览区域将视频放大，直至人物的眼球铺满整个画面，如图8-37所示。

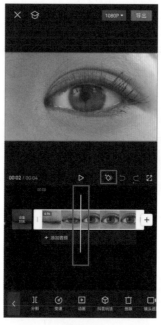

图8-36

图8-37

步骤02 将时间指示器移动至00:01处（即画面中人物睁开眼睛的位置），点击底部工具栏中的"画中画"按钮回，再点击"新增画中画"按钮回，如图8-38和图8-39所示。进入素材添加界面，选择一段旅行视频添加至剪辑项目中。

图8-38

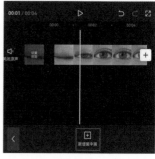

图8-39

步骤 03 在时间线区域选中画中画素材，点击底部工具栏中的"蒙版"按钮◙，如图8-40所示。打开蒙版选项栏，选择其中的"圆形"蒙版，在预览区域将蒙版缩至最小，置于人物的眼球之中，并点击界面中的◈按钮添加关键帧，如图8-41所示。

图8-40

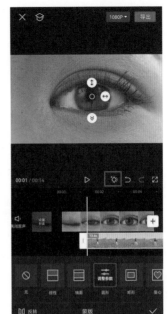
图8-41

步骤 04 将时间指示器移动至人物眼球即将被放大的时间点，在底部浮窗的"大小"选项中将"X轴""Y轴"的参数均设置为11，如图8-42所示。点击切换至"位置"选项，将"X轴"参数设置为80，将"Y轴"参数设置为-19，如图8-43所示。

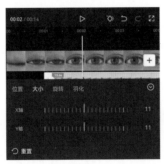
图8-42

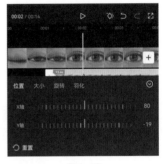
图8-43

提示 添加关键帧之后，界面底部将自动浮现蒙版的设置窗口。若不小心将浮窗收起，可以重新打开蒙版选项栏，然后点击"设置参数"按钮，将浮窗打开。

步骤 05 在预览窗口中可以查看到画中画素材的画面被放大，置于人物的眼球之中，如图8-44所示。

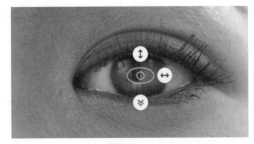
图8-44

步骤06 将时间指示器稍稍向后移动，在底部浮窗的"大小"选项中将"X轴"的参数设置为21，将"Y轴"的参数设置为31，如图8-45所示。点击切换至"位置"选项，将"X轴"参数设置为120，将"Y轴"参数设置为-70，如图8-46所示。

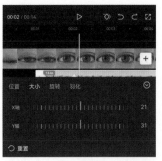
图8-45

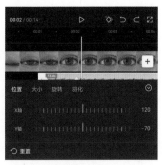
图8-46

步骤07 在预览窗口中可以查看到画中画素材的画面随着人物的眼球被放大，仍然位于人物的眼睛之中，如图8-47所示。

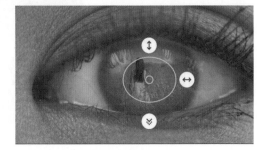
图8-47

步骤08 参照步骤04和步骤06的操作方法将时间指示器向后移动，并调整蒙版的大小和位置，确保画中画的画面随人物的眼球放大，直至铺满整个画面，如图8-48所示。

步骤09 完成以上操作后，再为视频添加一首合适的背景音乐，即可点击"导出"按钮，将视频保存至相册。

图8-48

8.4.2 蒙版辅助转场

结合"画中画"与"蒙版"功能，可以让一个视频中同一时刻出现多个不同的画面，并控制画面的显示效果。所以，灵活使用"画中画"和"蒙版"功能，再配合关键帧，可以制作出画面分割转场效果。下面介绍具体的制作方法。

在剪映App中导入一段背景素材之后，再导入一段画中画素材，如图8-49所示。将时间指示器移动至画中画素材的起始位置，选中画中画素材，点击底部工具栏中的"蒙版"按钮◙，如图8-50所示。

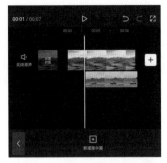

图8-49 　　　　　　　　　　图8-50

打开蒙版选项栏，选择其中的"镜面"蒙版，在预览区域调整好蒙版的大小和旋转角度。点击界面的◈按钮，添加一个关键帧，如图8-51所示。将时间指示器向后移动至合适位置，在预览区域调整镜面蒙版的大小，使其两侧的黄色线条消失在画面中，剪映将自动在时间指示器所在的位置添加一个关键帧，如图8-52所示。

图8-51 　　　　　　　　　　图8-52

至此，便可通过蒙版的辅助制作出画面分割转场效果，点击"播放"按钮▷，在预览区域查看制作好的画面效果，如图8-53所示。

图8-53

8.4.3 遮罩转场

如果画面中出现了横梁、栏杆等物品，或者某个时刻镜头中只出现某一事物，那么可以使用"蒙版"功能和"关键帧"功能，配合画面中的这些物品制作出遮罩转场效果。下面讲解具体的制作方法。

在剪映App中导入一段背景素材之后，再导入一段画中画素材，如图8-54所示，选中画中画素材，将时间指示器移动至00:03处，即遮罩物出现的时刻，点击底部工具栏中的"蒙版"按钮◙，如图8-55所示。

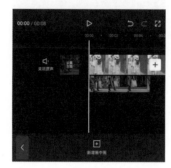 

图8-54 图8-55

打开蒙版选项栏，选择其中的"线性"蒙版，在预览区域将蒙版移动至画面的最右侧。点击界面中的◈按钮，添加一个关键帧，如图8-56所示。将时间指示器稍稍向后移动，在预览区域将蒙版稍稍向左移动，使其紧贴遮罩物的边缘，此时剪映将自动在时间指示器所在的位置添加一个关键帧，如图8-57所示。

参照上述操作方法，将时间指示器向后移动，在预览区域将蒙版向左移动，使其紧贴遮罩物的边缘，可以观察到主视频轨道的画面逐渐显现，如图8-58所示。

图8-56 图8-57 图8-58

重复上述操作，直到遮罩物消失在画面中，蒙版被移动至画面的最左侧，主视频轨道的画面全部显现，如图8-59所示。

至此，便制作出遮罩转场效果，点击"播放"按钮▷，在预览区域查看制作好的画面效果，如图8-60所示。

图8-59

图8-60

8.4.4 素材叠加转场

在制作光效转场、黑屏、白屏等转场效果时，除了直接在剪映App中添加转场效果外，也可以通过在两段素材之间添加特殊素材的方式来实现转场。下面介绍具体的操作方法。

在剪映App中导入两段视频素材，将时间指示器移动至第1段素材即将结束的位置。点击底部工具栏中的"画中画"按钮▣，再点击"新增画中画"按钮▣，如图8-61和图8-62所示。

进入素材添加界面，选择光效素材，将其添加至剪辑项目，并置于两段素材的中间位置，如图8-63所示。

图8-61

图8-62

图8-63

至此，便通过素材叠加的方式制作出了光效转场效果。点击"播放"按钮▷，在预览区域查看制作好的画面效果，如图8-64所示。

图8-64

8.4.5 无缝转场

无缝转场是最为常用的转场方法，而之所以被称为"无缝"，是因为在使用此种方法进行转场时，观众几乎感觉不到剪辑的存在。这种转场效果在剪映中可以使用"不透明度"和"关键帧"功能来制作。下面介绍具体的操作方法。

在剪映App中导入一段背景素材之后，再导入一段画中画素材，使其起始位置位于背景素材的后方，两段素材的重合时间为3s左右，如图8-65所示。选中画中画素材，点击底部工具栏中的"不透明度"按钮▣，如图8-66所示。

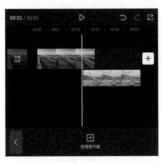

图8-65　　　　　　　　　　图8-66

在底部浮窗中拖动白色圆圈滑块，将数值设置为0。点击界面中的▣按钮，添加一个关键帧，如图8-67所示。将时间指示器移动至背景素材的尾端，在底部浮窗中拖动白色圆圈滑块，将数值设置为100，剪映将自动在时间指示器所在的位置添加一个关键帧，如图8-68所示。

图8-67　　　　　　　　　　图8-68

至此，便通过关键帧制作出了无缝转场效果，点击"播放"按钮▷，在预览区域查看制作好的画面效果，如图8-69所示。

图8-69

8.5 课后习题

本章介绍了无技巧转场、有技巧转场，以及在剪映中添加和制作转场效果的相关知识，下面将通过课后习题帮助读者巩固所学知识。

8.5.1 操作题：制作光效转场视频

使用光效进行转场，能使画面变得梦幻，还能起到提示观众故事中的人正陷入回忆等效果。本习题将介绍制作光效转场视频的操作方法，效果如图8-70所示。

图8-70

步骤 01 打开剪映App，在素材添加界面选择7段视频素材添加至剪辑项目中，并将其裁剪至合适时长。点击第1段素材和第2段素材之间的"转场"按钮|，打开转场选项栏，如图8-71和图8-72所示。

图8-71

图8-72

步骤02 在"光效"选项中选择"炫光"效果，如图8-73所示。点击界面左下角的"全局应用"按钮，在所有片段之间添加"炫光"转场效果，如图8-74所示。

步骤03 完成以上操作后，再为视频添加一首合适的背景音乐，即可点击界面右上角的"导出"按钮，将视频保存至相册。

图8-73

图8-74

8.5.2 操作题：制作无缝转场视频

无缝转场既能通过"硬切"实现（对拍摄素材的要求较高），也能经过后期处理实现。本习题将介绍在剪映专业版中制作无缝转场效果的操作方法，画面效果如图8-75所示。

图8-75

步骤01 启动剪映专业版软件，导入4段婚礼视频素材，并将素材拖曳至时间线区域。选中素材01，在素材调整区域单击切换至变速选项栏，在"常规变速"选项中拖动白色滑块，将数值设置为3.0x，如图8-76所示。

步骤02 参照步骤01的操作方法，将素材02的播放速度倍数设置为4.0x，如图8-77所示。

图8-76

图8-77

步骤03 将时间指示器移动至 00:00:04:06，选中素材01，单击工具栏中的"向右裁剪"按钮，如图8-78所示，即可在时间指示器所在位置对素材01进行分割，并自动删除分割出的后半段素材，如图8-79所示。

图8-78

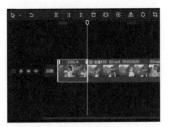
图8-79

步骤04 参照步骤03的操作方法，在时间线区域使用"向左裁剪"按钮和"向右裁剪"按钮对余下素材进行裁剪，如图8-80所示。

图8-80

步骤05 将素材02移动至画中画轨道，置于素材01的上方，使其起始位置位于00:00:03:18处，如图8-81所示。

步骤06 将时间指示器定位至素材02的起始位置，选中素材02。在素材调整区域将"不透明度"参数设置为0%，并单击右侧的◇按钮，添加一个关键帧，如图8-82所示。

图8-81

图8-82

步骤07 将时间指示器移动至素材01的尾端，选中素材02，如图8-83所示，在素材调整区域将"不透明度"参数设置为100%，剪映将自动在时间指示器所在的位置添加一个关键帧，如图8-84所示。

图8-83

图8-84

步骤08 参照步骤04至步骤06的操作方法，将素材03和素材04移动至画中画轨道，呈阶梯状排列，并依次为两段素材添加"不透明度"关键帧，如图8-85所示。

步骤09 完成以上操作后，再为视频添加一首合适的音乐，即可单击界面右上角的"导出"按钮，将视频导出至指定位置。

图8-85

第 **9** 章

视频后期调色

　　调色是视频编辑中不可或缺的一项操作，画面颜色在一定程度上能决定作品的好坏。好比影视作品，每一部电影的色调都跟剧情密切相关。调色不仅可以赋予视频画面一定的艺术美感，还可以为视频注入情感。对于视频作品来说，与作品主题相匹配的色彩能很好地传达作品的主题思想。

学习要点

● 掌握"调节"功能
● 掌握"滤镜"功能
● 使用其他辅助功能调色

9.1 "调节"功能

使用剪映的"调节"功能，不仅可以调节画面的基础参数，还可以使用"曲线"和"HSL"来调整画面，从而营造出想要的画面效果。

9.1.1 案例：古风人像调色

本案例将为古风人像视频调色，帮助读者掌握"调节"功能的使用方法。下面介绍具体的操作，调色前后效果对比如图9-1所示。

图9-1

步骤01 打开剪映App，在素材添加界面选择一段古风视频素材添加至剪辑项目中。在时间线区域选中素材，点击底部工具栏中的"调节"按钮🎛️，打开调节选项栏，点击其中的"HSL"选项，如图9-2和图9-3所示。

图9-2

图9-3

步骤02 在底部浮窗中点击选中绿色图标，将"色相"参数设置为100、"饱和度"参数设置为-35，如图9-4所示。

步骤03 点击选中宝蓝色图标，将"色相"参数设置为-40、"饱和度"参数设置为-20，如图9-5所示。

图9-4　　　　　　　　　　图9-5

步骤04 点击选中粉色图标，将"色相"参数设置为-50、"饱和度"参数设置为-50，画面将变得更加柔和淡雅，如图9-6所示。

步骤05 点击返回调节选项栏，根据画面的实际情况，将色温、色调、饱和度、高光、光感调整到合适的数值，使画面的色彩更加协调，如图9-7所示。具体数值参考：色温-6、色调-6、饱和度8、高光8、光感8。

步骤06 完成以上操作后，再为视频添加一首合适的背景音乐，即可点击界面右上角的"导出"按钮，将视频保存至相册。

图9-6　　　　　　　　　　图9-7

提示

在制作调色类短视频时，将原视频和调色后的视频效果进行对比，是比较常用的展现手法，通过对比能够让观众对于调色效果一目了然。

9.1.2 基础参数调节

用户在剪映的"调节"功能中，可以调整画面的亮度、对比度、饱和度等基础参数，从而得到自己想要的画面效果。

在时间线区域选中视频素材，点击底部工具栏中的"调节"按钮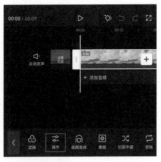，打开调节选项栏即可对选中的素材进行色彩调整，如图9-8和图9-9所示。

图9-8

图9-9

在未选中素材的状态下，点击底部工具栏中的"调节"按钮。进入调节选项栏对某一调节选项进行调整，即可在轨道区域生成一段可调整时长及位置的色彩调节素材，如图9-10和图9-11所示。

图9-10

图9-11

调节选项栏中包含了"亮度""对比度""饱和度""色温"等选项，下面进行具体介绍。

亮度：用于调整画面的明亮程度。数值越大，画面越明亮。

对比度：用于调整画面黑与白的比值。数值越大，从黑到白的渐变层次就越多，色彩的表现也会越丰富。

饱和度：色彩的纯度，数值越大，画面饱和度越高，画面色彩就越鲜艳。

锐化：用来调整画面的锐化程度。数值越大，画面细节越丰富。

高光/阴影：用来改善画面中的高光或阴影部分。

色温：用来调整画面中色彩的冷暖倾向。数值越大，画面越偏向于暖色；数值越小，画面越偏向于冷色。

色调：用来调整画面中色彩的颜色倾向。

褪色：用来调整画面中颜色的附着程度。

9.1.3 曲线调节

在时间线区域选中素材，点击底部工具栏中的"调节"按钮 ⚙，打开调节选项栏，点击其中的"曲线"选项，打开曲线界面，可以看到默认的白色曲线，即图9-12中呈45°角的白色斜线。

剪映的曲线选项中有白色、红色、绿色和蓝色4种，其中白色曲线调节画面亮度，红色、绿色和蓝色曲线调节画面颜色，如图9-12所示。

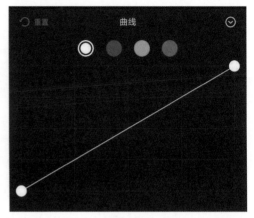

图9-12

用户可以在曲线上直接点击添加控制点，然后通过移动控制点的方式调整曲线。以白色曲线为例，在白色曲线上添加一个控制点，将其向上移动，画面的整体亮度将会提高，如图9-13所示。反之，将控制点往下移动，画面的整体亮度将会降低，如图9-14所示。

图9-13

图9-14

以上是利用曲线调节画面亮度的方法，若用户需要利用曲线来调整画面颜色，则需要先了解一下颜色的互补关系，因为剪映中的红色、绿色和蓝色曲线是根据颜色的互补来调整画面颜色的，如图9-15所示。

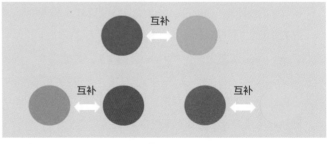

图9-15

以红色曲线为例，在红色曲线上添加一个控制点，将其向上移动，画面会偏向红色，如图9-16所示。若将其向下移动，画面便会偏向蓝色，如图9-17所示。

图9-16　　　　　　　　　图9-17

> **提示**
> 绿色和蓝色曲线的使用逻辑与红色曲线的使用逻辑是一样的，绿色曲线向上移动画面会偏向绿色，向下移动画面会偏向粉色。蓝色曲线向上移动画面会偏向蓝色，向下移动画面会偏向黄色。

9.1.4　HSL调节

HSL即色相（H）、饱和度（S）和亮度（L）。色相是颜色的基本属性，就是平常所说的颜色名称，如红色、黄色等；饱和度是指颜色的纯度，数值越高颜色越纯，数值越低画面越灰；亮度是指画面的明亮程度，数值越大，画面越明亮，反之则越暗。

在时间线区域选中素材，点击底部工具栏中的"调节"按钮 📷，打开调节选项栏。点击其中的"HSL"选项，在底部浮窗中点击选中某一种颜色的图标之后，即可滑动白色圆形滑块调整该颜色的色相、饱和度和亮度数值，如图9-18所示。

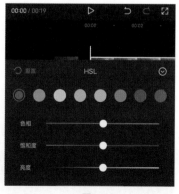

图9-18

由于"HSL"选项可以直接选中某种颜色对其进行调整，所以经常用于对视频进行精准调色。图9-19所示为将原图中的绿色与蓝色去除后，整个画面的氛围便发生了变化。

图9-19

9.1.5 色轮调节

剪映App目前还没有"色轮"功能，若用户需要使用该功能来进行调色，可以在剪映专业版中使用。剪映专业版中有4个色轮，其中前3个色轮分别调节画面中的暗部、中灰和亮部区域，最后一个"偏移"色轮是对画面3个区域进行整体调整，如图9-20所示。

每个色轮都可以对画面的色彩、亮度和饱和度进行调整。调整颜色时，将色轮中心的白点往某种颜色拖动，画面的颜色就会往该颜色偏移，色轮下方的数值也会发生相应改变，改变的数值代表当前颜色调整的参数。用户也可以手动输入数值，当数值发生变化时，色轮中心的白点会随之移动，画面的颜色也会随之产生变化。

图9-20

仔细观察，可以发现色
轮的两侧各有一个三角形按
钮，左边的按钮代表饱和
度，将其上下移动便能调整
区域中颜色的饱和度，如
图9-21所示；右边的按钮代
表亮度，将其上下移动便能
调整区域中颜色的亮度，如
图9-22所示。

图9-21

图9-22

9.1.6 预设调色

在剪映专业版中，用户在完成调色工作之后，可以单击"保存预设"按钮，如图9-23所
示，这样此前做的调色操作将被保存在"我的预设"选项中。

图9-23

保存预设之后，单击上方工具栏中的"调节"按钮 ，即可在"我的预设"选项中看到刚刚保存的预设，即"预设调色1"。使用预设调色的方法也很简单，直接按住"预设调色1"拖曳至时间线区域，置于需要进行调色的素材的上方即可，如图9-24所示。

图9-24

9.1.7 导入LUT

LUT文件可以看成一个预设，使用优质LUT是快速调色的方法之一。在剪映中应用最多的LUT格式是.cube 和.3dl，当把LUT文件载入后，就可以对视频进行调色了。

在剪映专业版中单击"调节"按钮 ，而后单击左侧工具栏中的"LUT"，再单击素材栏中的"导入LUT"，如图9-25所示。

图9-25

在弹出的对话框中选择之前下载的LUT文件，然后单击"打开"按钮，如图9-26所示。执行操作后便可成功将LUT文件导入剪映专业版软件中，如图9-27所示。套用LUT文件的方法与使用预设调色的方法一致，直接按住LUT文件，将其拖曳至时间线区域，置于需要进行调色的素材的上方即可。

图9-26

图9-27

 "滤镜"功能

9.2

滤镜是各大视频剪辑软件的必备功能，它可以很好地掩盖拍摄时造成的缺陷，对素材进行美化，使画面更加生动、完善。剪映为用户提供了数十种滤镜特效，用户可以将这些滤镜应用到单个素材中，也可以将滤镜作为独立的一段素材应用到某一段画面中。

9.2.1　案例：港风街道调色

本案例将为城市街道视频调色，帮助读者掌握"滤镜"功能的使用方法。下面介绍具体的操作，调色前后效果对比如图9-28所示。

图9-28

步骤01 打开剪映App，在素材添加界面选择一段城市街道视频素材，将其添加至剪辑项目中。将时间指示器移动至视频起始位置，在未选中任何素材的状态下，点击底部工具栏中的"滤镜"按钮，打开滤镜选项栏，如图9-29和图9-30所示。

图9-29　　　　　　　　　图9-30

步骤02 在"复古胶片"选项中选择"港风"滤镜，并拖动白色滑块将滤镜数值调整为100，如图9-31所示，点击按钮。此时整段视频已添加"港风"滤镜，如图9-32所示。

步骤03 完成以上操作后，再为视频添加一首合适的背景音乐，即可点击界面右上角的"导出"按钮，将视频保存至相册。

图9-31　　　　　　　　　图9-32

9.2.2 在单个素材中应用滤镜

在时间线区域选中背景
素材，点击底部工具栏中的
"滤镜"按钮🎨，如图9-33
所示。进入滤镜选项栏，
在其中点击任意一款滤镜效
果，即可将其应用到所选素
材，拖动底部的白色滑块还
可以改变滤镜的强度，如
图9-34所示。

> **提示**
> 完成操作后滤镜效果
> 仅添加给选中的素材。若
> 需要将滤镜效果同时应用
> 到其他素材，可在选择滤
> 镜效果后点击"全局应
> 用"按钮🔘。

图9-33　　　　　图9-34

9.2.3 在某一段时间应用滤镜

在未选中素材的状态
下，点击底部工具栏中的
"滤镜"按钮🎨，如图9-35
所示。进入滤镜选项栏，在
其中点击一款滤镜效果，如
图9-36所示。

图9-35　　　　　图9-36

完成滤镜的选取后，点击右下角的☑按钮，此时轨道区域将生成一段可调整时长和位置的滤镜素材，如图9-37所示。调整滤镜素材的方法与调整音视频素材的方法一致，拖动滤镜素材前后的白色边框，可以对素材持续时长进行调整；选中素材并将其前后拖动可改变应用素材的时间段，如图9-38所示。

图9-37   图9-38

9.3 使用其他功能辅助调色

在剪映中，用户不仅可以使用"调节"和"滤镜"功能来为视频调色，也可以使用其他功能来辅助调色，如使用蒙版、关键帧等。

9.3.1 案例：制作色彩渐变效果

本案例将制作色彩渐变效果，帮助读者掌握使用关键帧功能调色的方法。下面介绍具体的操作，调色效果如图9-39所示。

图9-39

图9-39（续）

步骤01 打开剪映App，在素材添加界面选择一段树叶的视频素材添加至剪辑项目中。将时间指示器定位至视频的起始处，选中素材，点击界面中的◇按钮，添加一个关键帧，如图9-40所示。参照上述操作方法，在视频的00:03处再添加一个关键帧，如图9-41所示。

图9-40　　　　　　　　图9-41

步骤02 选中视频素材，点击底部工具栏中的"滤镜"按钮◠，如图9-42所示，打开滤镜选项栏，选择"影视级"选项中的"月升之国"滤镜，如图9-43所示。

步骤03 点击切换至调节选项栏，根据画面的实际情况，将饱和度、对比度、阴影和色温调到合适的数值，使画面的氛围感更浓，如图9-44所示。具体数值参考：饱和度50、对比度-35、阴影15、色温35。

图9-42　　　　　　　　图9-43　　　　　　　　图9-44

步骤 04 选中视频素材，将时间指示器移动至第一个关键帧的位置，打开滤镜选项栏，将滤镜强度设置为0，如图9-45所示，点击 ✓ 按钮。

步骤 05 将时间指示器移动至第2个关键帧的位置，打开滤镜选项栏，将滤镜强度设置为100，如图9-46所示，点击 ✓ 按钮。

步骤 06 完成以上操作后，再为视频添加一首合适的背景音乐，即可点击界面右上角的"导出"按钮，将视频保存至相册。

图9-45

图9-46

提示

"月升之国"滤镜模拟电影《月亮升起之王国》的色调风格，以绝美的暖黄色调为主，使画面极具油画感。

9.3.2　色卡调色

色卡是一种颜色预设工具，用它来调色是非常新颖且方便的。在剪映中运用色卡调色还需设置混合模式，下面介绍使用色卡调色的具体操作。

导入视频素材后，在未选中素材的状态下点击"画中画"按钮 ◙，如图9-47所示。然后再点击"新增画中画"按钮 ◙，导入一张色卡，并将其放大至覆盖整个画面，如图9-48所示。

图9-47

图9-48

选中色卡素材，点击底部工具栏中的"混合模式"按钮，如图9-49所示。打开混合模式选项栏，选择其中的"滤色"效果，并将数值设置为41，如图9-50所示。完成以上操作后，即可为画面增加一些朦胧的氛围感，使画面变得更加梦幻。

图9-49　　　　　　　　　图9-50

> **提示**
>
> 利用不同颜色的色卡可以使画面混合为各种颜色，用户可以直接在剪映的素材库中搜索色卡，也可以使用"背景"功能制作专属色卡。

9.3.3　蒙版调色

在剪映中运用"蒙版"功能，可以对视频进行局部调色。选择合适的蒙版形状，再配合"调节"或"滤镜"功能就能改变画面的局部色调。下面介绍具体的操作方法。

在剪映App中导入一段背景素材后，使用"复制"功能在轨道中复制一段一模一样的素材，然后选中第1段素材，点击底部工具栏中的"滤镜"按钮，如图9-51所示。打开滤镜选项栏，选择"风景"选项中的"矿野"滤镜，如图9-52所示。

图9-51　　　　　　　　　图9-52

选中复制的素材，使用"切画中画"功能将其切换至画中画轨道，并移动至原素材的下方。选中画中画素材，点击底部工具栏中的"蒙版"按钮◎，如图9-53所示，打开蒙版选项栏，选择其中的"线性"蒙版，在预览区域将蒙版移动至天空和森林的交界处，并拖动◎按钮羽化蒙版边缘，如图9-54所示。

完成以上操作后，可以看到天空区域呈现的是原素材的画面，而森林区域呈现的则是添加滤镜后的画面。

图9-53

图9-54

9.3.4 关键帧调色

色彩渐变效果可以让观众直观地感受到画面色彩的变化过程，这种效果不能通过"调节"和"滤镜"功能直接实现，需要搭配关键帧来制作。下面介绍具体的操作方法。

在时间线区域选中一段已经添加过滤镜效果的视频素材，将时间指示器定位至视频的起始位置，点击界面中的◇按钮为其添加一个关键帧。打开滤镜选项栏，拖动白色滑块，将滤镜强度的数值设置为0，如图9-55所示，点击✓按钮保存操作。

将时间指示器移动至视频的尾端，选中素材，打开滤镜选项栏，拖动白色滑块，将滤镜强度的数值设置为100，此时剪映将自动在时间指示器所在的位置添加一个关键帧，如图9-56所示。预览视频，可以看到视频从原画面逐渐转变为添加滤镜后的画面。

图9-55

图9-56

9.4　课后习题

本章介绍了使用"调节""滤镜"及其他辅助功能进行视频后期调色的相关知识，下面将通过课后习题帮助读者巩固所学知识。

9.4.1　操作题：城市夜景调色

赛博朋克风的画面常以青色和洋红色为主，这两种色调的搭配是画面的重点。本习题将介绍赛博朋克色调调色的具体操作方法，调色前后效果如图9-57所示。

图9-57

步骤01 打开剪映App，在素材添加界面选择一张城市夜景的图像素材并将其添加至剪辑项目中。在时间线区域选中素材，点击底部工具栏中的"调节"按钮，打开调节选项栏，如图9-58和图9-59所示。

图9-58　　　　　图9-59

步骤 02 根据画面的实际情况，在选项栏中将色温、饱和度、亮度、对比度、光感和锐化调到合适的数值，使画面更加透亮，如图9-60所示。具体数值参考：色温-30、饱和度-10、亮度5、对比度10、光感5、锐化10。

步骤 03 点击切换至滤镜选项栏，选择"风格化"选项中的"赛博朋克"滤镜，如图9-61所示，点击☑按钮保存操作。

步骤 04 完成以上操作后，再为视频添加一首合适的背景音乐，即可点击界面右上角的"导出"按钮，将视频保存至相册。

图9-60

图9-61

提示

"风格化"是一类模拟真实艺术创作手法的视频调色滤镜，可以使画面产生不同风格的、绘画般的效果。例如，"风格化"滤镜组中的"蒸汽波"滤镜是一种诞生于网络的艺术视觉风格，最初出现在电子音乐领域，这种滤镜色彩非常迷幻，调色也比较夸张，整体画面效果偏冷色调。

9.4.2 操作题：动漫小镇调色

日系动漫的色调整体上会给人一种唯美、治愈的感觉，而且整体的颜色亮度偏高，让画面有一种朦朦胧胧的感觉。本习题介绍日系动漫风格调色的具体操作方法，调色前后效果对比如图9-62所示。

图9-62

步骤01 启动剪映专业版软件，在本地素材库中导入一张小镇的图像素材，并将其拖曳至时间线区域。选中素材，在素材调整区域单击切换至"调节"界面，如图9-63所示。

图9-63

步骤02 根据画面的实际情况，将饱和度、亮度、对比度、高光、阴影和锐化调到合适的数值，使画面的颜色更加鲜明，具体数值参考图9-64。

步骤03 单击"滤镜"按钮，打开滤镜选项栏，在"风景"选项中选择"仲夏"滤镜。将其拖曳至时间线区域，并适当

图9-64

调整滤镜素材的持续时长，使其长度与图像素材的长度保持一致，如图9-65所示。

步骤04 完成以上操作后，再为视频添加一首合适的音乐，即可单击界面右上角的"导出"按钮，将视频导出至指定位置。

图9-65

第 **10** 章

剪映AI智能创作

以前，要制作一个短视频，需要构思文案、准备素材并手动完成作品剪辑。而现在，AI技术的迅猛发展，使短视频行业发生了极大的变化，原本复杂的制作短视频的工作变得越来越简单、轻松，只需一段AI生成的文案、几张AI绘制的图片或几段视频素材，就能够迅速生成短视频，创作效率得到了很大提升。本章将介绍剪映中常用的一些AI功能。

学习要点

- AI智能成片
- AI智能编辑
- AI效果运用

10.1 AI智能成片

对于刚接触短视频创作，还不了解短视频制作方法的用户来说，剪映App的"一键成片""图文成片"等AI视频创作功能无疑是深受他们喜爱的功能。通过这些功能，即使是零基础用户也能轻松且快速地创作短视频。此外，剪映专业版的"智能剪口播"功能，也非常实用。

10.1.1 案例：使用"一键成片"功能制作写真相册

本案例将制作写真相册，通过实训的方式帮助读者掌握"一键成片"功能的使用方法。下面介绍具体的操作，效果如图10-1所示。

图10-1

步骤 01 打开剪映App，在主界面点击"一键成片"按钮，如图10-2所示，进入素材选取界面，选择几张写真图像素材，点击"下一步"按钮，如图10-3所示。

提示

本章讲解的是剪映App新增的AI功能，界面细节与其他章略有不同，但不影响操作结果。如果你的软件界面中无法找到本章的功能按钮，请更新剪映App。

图10-2

图10-3

步骤02 进入模板选取界面，点击选中其中任意一个模板，即可预览合成效果，如图10-4所示，再在模版缩览图中点击"点击编辑"按钮，进入视频编辑界面，如图10-5所示。

图10-4

图10-5

步骤03 点击处于选中状态的素材缩览图中的"点击编辑"按钮，再在界面浮现的工具栏中点击"裁剪"按钮，如图10-6所示，在裁剪界面中拖动裁剪框选取视频的显示区域，完成操作后点击界面右下角的"确认"按钮，如图10-7所示。

图10-6

图10-7

步骤04 按照步骤03的操作方式裁剪余下的素材后，切换至"文本"选项，点击界面底部的文字素材缩览图，再点击缩览图中浮现的"点击编辑"按钮，如图10-8和图10-9所示，在弹出的输入文字对话框中，修改文字内容，如图10-10所示。

图10-8

图10-9

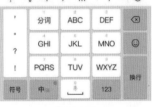

图10-10

步骤05 按照步骤04的操作方式修改好余下的文字后，点击界面右上角的"导出"按钮，如图10-11所示，进入"导出设置"界面，点击"无水印保存并分享"按钮，如图10-12所示。

图10-11

图10-12

提示

"导出设置"界面的下方有两个选项，当用户点击 📷 按钮后，制作好的视频会自动保存至手机相册，但通过这种方式保存的视频会带有"剪映"的水印；而当用户点击"无水印保存并分享"按钮后，视频会自动保存至手机相册并跳转至抖音的发布界面。

10.1.2　一键成片

　　剪映App的"一键成
片"功能可以根据用户选
择的视频或图像素材，推
荐视频模板，随机生成视
频。其操作方法非常简单，
打开剪映App，在主界面
点击"一键成片"按钮，
即可直接进入素材选取界
面，如图10-13和图10-14
所示。

图10-13　　　　　　　　　图10-14

　　在素材选取界面选择需
要的素材之后，点击"下
一步"按钮，系统会自动
将所选素材合成视频，如
图10-15和图10-16所示。

图10-15　　　　　　　　　图10-16

　　生成的短视频内容会自动添加背景音乐及转场特效，用户如果对视频效果不满意，可以
在界面底部点击替换成别的视频模板，或者点击"立即编辑"按钮，对视频内容进行简单的
修改。

10.1.3 图文成片

剪映App的"图文成片"功能可以直接由AI创作文案并匹配素材，也可以由用户自行准备文案和素材，生成内容更加精准的视频作品。下面介绍在剪映App中使用"图文成片"功能生成视频的具体操作方法。

打开剪映App，在首页点击"图文成片"按钮，如图10-17所示，进入"图文成片"的创作界面，如图10-18所示，用户可以自由编辑文案，也可以选择其中任意一种文案类型，使用AI创作文案。

图10-17

图10-18

以"美食教程"为例，当用户选择"美食教程"选项后，进入"美食教程"的文案创作界面，即可根据界面中的提示输入"美食名称"和"美食做法"，如图10-19和图10-20所示。执行操作后，点击底部的"生成文案"按钮。

稍等片刻，剪映即可自动生成一篇关于"剁椒鱼头"的文案，如图10-21所示。用户可以在该界面中检查并修改文案，确认无误后，点击界面右上角的"应用"按钮，底部将出现一个浮窗，用户可以在其中选择成片方式，如图10-22所示。以"智能匹配素材"为例，当用户选择该选

图10-19

图10-20

项后，剪映将根据文案内容自动匹配相应的视频、图片素材和音乐，直接进入视频编辑界面，如图10-23所示。在该界面中，用户可以继续对视频进行编辑，也可以直接将视频导出。

图10-21　　　　　　　　　　图10-22　　　　　　　　　　图10-23

10.1.4　智能剪口播

　　剪映专业版的"智能剪口播"功能可以帮助用户高效地识别口播视频中的语气词、停顿和重复内容，并进行标注，然后用户可以直接选中这些标注内容进行删除。下面讲解该功能的具体使用方法。

　　启动剪映专业版软件，导入一段口播视频，然后单击工具栏中的"智能剪口播"按钮，如图10-24所示。

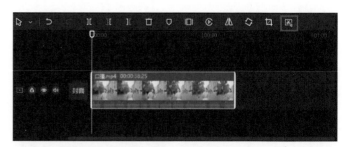

图10-24

　　执行操作后，稍等片刻，剪映即可将视频中的人声识别出来，并转换为文本，显示在右上方的面板中，如图10-25所示。用户可以在该面板中单击"标记无效片段"按钮，剪映即可将视频中的停顿、语气词和重复内容标注出来，如图10-26所示。

图10-25　　　　　　　　　　图10-26

与此同时，剪映也会在时间线区域中对相应的视频片段进行标注，如图10-27所示。当用户在图10-26所示的面板中单击"删除"按钮后，剪映会自动将相应的视频片段删除，如图10-28所示。

剪辑完成后，可以预览视频，若发现视频中还存有剪映没有识别到的语气词或重复内容，用户可直接选中文本，手动进行删除，如图10-29所示。将文本删除后，剪映也会自动删除所对应的视频片段。

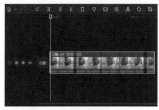 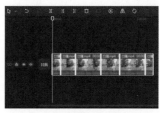 

图10-27 图10-28 图10-29

10.2 AI智能编辑

剪映App不但提供了能帮助用户快速成片的AI创作功能，还提供了一些AI智能编辑功能，如AI修复画质、AI抠图、智能调色等，这些功能可以帮助用户省时省力地完成素材的准备和编辑工作。剪映专业版常用功能区中的一些选项也可用于AI智能编辑，如使用"贴纸"选项的"AI生成"功能，可以使用AI生成贴纸素材；使用"文本"选项的"AI生成"功能，可以使用AI生成字幕。

10.2.1 案例：AI修复画质

本案例将使用剪映App修复"汤圆"图像素材的画质，通过实训的方式帮助读者掌握"超清画质"功能的使用方法。下面介绍具体的操作，效果如图10-30所示。

图10-30

步骤01 打开剪映App，在首页点击"展开"按钮 ⌄，如图10-31所示。

步骤02 展开选项栏，点击其中的"超清画质"按钮 ，如图10-32所示。

步骤03 进入素材添加界面，如图10-33所示，在该界面中点击需要进行画质修复的单个图像素材。

图10-31

图10-32

图10-33

步骤04 进入视频编辑界面，剪映将自动展开画质提升选项栏，用户可以拖动底部滑块，选择画质效果，如图10-34所示。

步骤05 执行操作后，稍等片刻，即可完成画质效果的提升，如图10-35所示。

图10-34

图10-35

10.2.2 AI抠图

在后期制作中，当用户只需要使用素材中的一个元素，或是需要将素材转换为绿幕素材时，可以使用剪映App中的"智能抠图"功能，导入需要进行抠图的素材，剪映将自动帮助用户移除素材背景。下面将介绍具体操作。

　　打开剪映App，在首页点击"展开"按钮，如图10-36所示，展开选项栏，点击其中的"智能抠图"按钮☑，如图10-37所示。

图10-36　　　　　　　　　　图10-37

　　进入素材选择界面，选择需要进行抠图的素材，如图10-38所示，点击"编辑"按钮，进入智能抠图界面，剪映将对素材进行自动识别并移除背景，如图10-39所示。点击界面底部的"背景预设"按钮，用户可以为素材选择透明背景或纯色背景，将素材转换为免抠或绿幕、蓝幕等素材，如图10-40所示。

图10-38　　　　　　　　图10-39　　　　　　　　图10-40

10.2.3 智能调色

使用剪映App的自动调色功能，新手也可以快速完成视频的基础调色，还能在自动调色的基础上进一步调整参数，从而提高视频画面的美感。

在剪映App中打开一个需要进行调色的剪辑项目，选中素材，点击底部工具栏中的"调节"按钮，如图10-41所示，打开"调节"选项栏，点击其中的"智能调色"按钮，如图10-42所示，即可完成视频的初步调色。

图10-41

图10-42

如果用户对画面色彩有自己的想法，还可以在自动调色的基础上手动进行调整，如在"调节"选项栏中设置"色温"参数为-18，"色调"参数为-5，如图10-43和图10-44所示。

图10-43

图10-44

视频调色前后的效果对
比如图10-45所示。

图10-45

10.2.4 AI生成贴纸素材

剪映专业版常用功能区中的"贴纸"选项的"AI生成"功能，可以用来生成贴纸素材。下
面介绍具体的操作方法。

启动剪映专业版软件，
在 视 频 编 辑 界 面 的 顶 部
单击"贴纸"按钮 ◗ ，如
图 1 0 - 4 6 所 示 ， 打 开 贴 纸
选项栏，单击"AI生成"按
钮，如图10-47所示。

图10-46　　　　　　　　　　　　图10-47

用户可以根据界面中的
提示描述画面，单击"立即
生成"按钮，如图10-48所
示，即可生成相应的主题贴
纸，如图10-49所示。

图10-48　　　　　　　　　　　　图10-49

10.2.5 AI特效字幕

剪映专业版常用功能区中的"贴纸"选项的"AI生成"功能，可以用来生成特效字幕。下
面介绍具体的操作方法。

启动剪映专业版软件，
在视频编辑界面的顶部单
击 " 文 本 " 按 钮 **TI** ，如
图 1 0 - 5 0 所 示 ， 打 开 文 本
选项栏，单击"AI生成"按
钮，如图10-51所示。

图10-50　　　　　　　　　　　　图10-51

用户可以根据界面中的提示输入文本和效果描述，如图10-52所示。然后单击"立即生成"按钮，即可生成相应效果的字幕，如图10-53所示。

图10-52

图10-53

10.3 AI效果运用

剪映App拥有丰富的特效资源，其中包括"AI写真"和"AI绘画"等AI特效。用户可以通过添加特效来优化视频效果，或制作抖音热门特效视频，如3D运镜效果、古风穿越效果等。剪映专业版中的特效资源与剪映App中的基本一致。

10.3.1 案例：制作3D运镜效果

本案例将制作3D运镜效果，通过实训的方式帮助读者掌握AI效果的应用。下面介绍具体的操作，效果如图10-54所示。

图10-54

步骤01 打开剪映App，点击"开始创作"按钮，如图10-55所示，进入素材添加界面，选择6张图像素材，点击"添加"按钮，如图10-56所示。

图10-55

图10-56

步骤02 进入视频编辑界面，在未选择任何素材的状态下，点击底部工具栏中的"特效"按钮，如图10-57所示，打开特效选项栏，点击其中的"图片玩法"按钮，如图10-58所示。

步骤03 打开"图片玩法"选项栏，选择"运镜"选项中的"3D运镜"效果，如图10-59所示。在时间线区域选中第2段素材，并再次选择"运镜"选项中的"3D运镜"效果，如图10-60所示，将效果应用至第2段素材上。

步骤04 参照步骤03的操作方法，为余下素材添加"3D运镜"效果。

图10-57

图10-58

图10-59

图10-60

10.3.2 "AI写真"效果

剪映App的"AI写真"效果包含"全家福""婚纱写真""年味情侣写真""预测宝宝长相""篮球运动员"等，如图10-61所示。"AI写真"功能的效率非常高，一张图片仅需数秒就可以完成"变身"操作。应用这类写真效果之后，整体变化虽大，但同原图还是会有一些神似。图10-62为应用"簪花写真"特效之后的画面效果。

图10-61

图10-62

10.3.3 "AI绘画"效果

剪映App的"AI绘画"效果包含"春节""春节少年""日系""神明""精灵""犬系""猫系"等，如图10-63所示。"AI绘画"相对于"AI写真"的效果而言，对原图的改变更大，在人物设计上更偏漫画感，应用效果前后的整体变化对比更为明显。图10-64为应用"精灵"特效之后的画面效果。

图10-63

图10-64

10.3.4 智能运镜

运镜指的是在拍摄电影或电视剧的过程中，摄影师通过不同的镜头、不同的拍摄角度和镜头移动等方法，来展现出不同的画面效果。运镜不仅可以增加画面的层次感，还可以传达更多的情感和信息。在短视频制作的过程中，除了可以在拍摄时使用运镜手法，还可以在后期制作过程中手动制作运镜效果。

打开剪映App，导入一张图像素材，在没有选择任何素材的状态下，点击工具栏中的"特效"按钮，打开特效选项栏，点击其中的"图片玩法"按钮，打开的"图片玩法"选项栏中有一个专门的"运镜"选项，其中为用户提供了多种运镜效果，如图10-65所示。点击选择其中任意一种效果，即可将其应用至剪辑项目，如图10-66所示。

图10-65

图10-66

10.3.5　智能扩图

剪映App的"智能扩图"效果是近期很火的一种图像处理技术，它可以让原本模糊或分辨率低的图像变得清晰、精细，甚至可以生成一些原本不存在的细节。它的原理是通过使用人工智能算法，如深度学习和神经网络等技术，对图像进行放大处理，根据图像的内容，自动填充和修复图像的缺失部分，从而提高图像的质量，增强视觉效果。

打开剪映App，导入一张图像素材，在没有选中任何素材的状态下，点击工具栏中的"特效"按钮🌠，打开特效选项栏，点击其中的"图片玩法"按钮🎁，如图10-67所示，打开"图片玩法"选项栏，在"热门"选项中选择"智能扩图Ⅱ"效果，如图10-68所示，在预览区域可以看到扩图之后的画面。

图10-67　　　　　　　　　图10-68

10.4　课后习题

本章介绍了剪映App和剪映专业版中常用的一些AI智能创作功能，下面将通过课后习题帮助读者巩固所学知识。

10.4.1　操作题：制作AI商品图

当用户在寻找制作电商广告视频的商品图素材时，可以使用剪映App的"AI商品图"功能。导入包含产品的素材，剪映将自动提取产品并替换背景生成商品图，效果如图10-69所示。

图10-69

步骤 01 打开剪映App，在首页点击"展开"按钮 ☑，如图10-70所示，展开选项栏，点击其中的"AI商品图"按钮 ▨，如图10-71所示。

图10-70

图10-71

步骤 02 进入素材选择界面，选择一张包含产品的图片，如图10-72所示，点击"编辑"按钮，进入AI商品图创作界面。

步骤 03 可以看到底部为用户提供了各种商品图效果的选项，如图10-73所示。

步骤 04 点击选择其中任意一种效果，稍等片刻，剪映将自动提取产品并替换背景生成相应效果的商品图，如图10-74所示。

图10-72

图10-73

图10-74

10.4.2 操作题：制作AI古风穿越效果

剪映专业版中内置了非常丰富的AI效果，合理地运用这些效果可以打造出非常震撼的视频特效。本习题将制作AI古风穿越效果，如图10-75所示。

图10-75

步骤 01 启动剪映专业版软件，在首页中单击"开始创作"按钮，如图10-76所示，进入视频编辑界面。在"媒体"面板中单击"导入"按钮，如图10-77所示，打开"请选择媒体资源"对话框。

图10-76

图10-77

步骤 02 选择需要使用的素材文件，如图10-78所示，单击"打开"按钮。执行操作后，即可将素材导入本地素材库中，如图10-79所示。

图10-78

图10-79

步骤 03 在本地素材库中选中素材，按住鼠标左键将其拖曳至时间线区域，如图10-80所示。

步骤 04 在选中素材的状态下，在素材调整区域单击切换至"AI效果"选卡，勾选"玩法"选项，选择其中的"古风穿越"效果，如图10-81所示。执行操作后，稍等片刻，即可制作出AI古风穿越效果的视频。

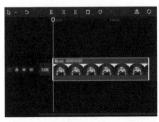

图10-80

图10-81

第 **11** 章

短视频综合实训

本章为综合实训内容，将结合之前的学习内容制作Vlog和电商广告，这些案例都是日常生活和工作中经常见到的。本章的案例制作步骤仅供参考，希望读者可以理解制作的思路，做到举一反三。

学习要点

- 掌握Vlog的后期制作方法
- 掌握电商广告的后期制作方法

11.1 周末出游Vlog

　　Vlog就是以视频为载体记录日常生活，上传后与网友分享。这类视频可以很好地展现自己的爱好和性格特点，建立个人品牌、扩大影响力。下面以周末出游Vlog的剪辑过程为例，讲解Vlog的后期制作方法，效果如图11-1所示。

图11-1

11.1.1 导入素材进行粗剪

　　下面将在剪映App中导入素材进行粗剪，具体步骤包括对素材进行加速处理、调整素材持续时长、调整素材画面大小等。

步骤 01 打开剪映App，在素材添加界面选择7段关于旅行的视频素材添加至剪辑项目中。在时间线区域选中第2段素材，点击底部工具栏中的"变速"按钮，如图11-2所示，打开变速选项栏，点击其中的"常规变速"按钮，如图11-3所示。

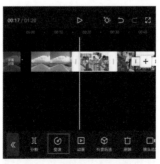
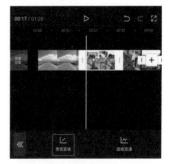

图11-2　　　　　　　　　　图11-3

步骤02 在底部浮窗中拖动滑块，将数值设置为1.2x，如图11-4所示。参照上述操作方法，将余下5段素材的变速参数分别设置为1.8x、1.5x、1.5x、1.2x、2.0x，如图11-5所示。

图11-4

图11-5

步骤03 在时间线区域选中第1段素材，将其左侧的白色边框向右拖动，使其时长缩短至4s，如图11-6所示。

步骤04 参照步骤03的操作方法对余下素材进行剪辑，如图11-7所示，使第2、4、5、6、7段素材的持续时长分别缩短至2.9s、2.9s、3.3s、2.3s、2.2s。

图11-6

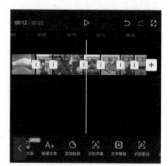

图11-7

步骤05 预览素材，可以发现部分素材没有铺满画面，出现了黑边，如图11-8所示。在时间线区域选中第2段素材，在预览区域双指相背滑动，将素材画面放大，使其铺满显示区域，如图11-9所示。参照上述操作方法将第3、4、5段素材的画面进行放大。

图11-8

图11-9

11.1.2 添加转场和特效

下面将为视频添加转场效果，让视频画面之间的过渡更加自然，再添加边框特效，为视频画面锦上添花，使视频更有吸引力。

步骤 01 在时间线区域点击第1段素材和第2段素材中间的 ⬚ 按钮，如图11-10所示。打开转场选项栏，选择"光效"选项中的"泛光"效果，如图11-11所示。

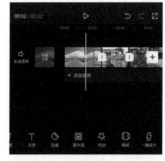

图11-10 　　　　　　　　　图11-11

步骤 02 在时间线区域点击第6段素材和第7段素材中间的 ⬚ 按钮，如图11-12所示。打开转场选项栏，选择"光效"选项中的"炫光Ⅲ"转场效果，如图11-13所示。

图11-12 　　　　　　　　　图11-13

步骤 03 将时间指示器移动至视频的起始位置，在未选中任何素材的状态下点击底部工具栏中的"特效"按钮，如图11-14所示，打开特效选项栏，点击其中的"画面特效"按钮，如图11-15所示。

图11-14 　　　　　　　　　图11-15

步骤04 打开画面特效选项栏,选择"基础"选项中的"模糊开幕"特效,如图11-16所示,点击✓按钮,在视频起始位置添加一个特效素材,如图11-17所示。

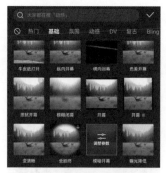

图11-16

图11-17

步骤05 参照步骤03和步骤04的操作方法,为视频添加"边框"选项中的"手绘拍摄器"特效,如图11-18所示。

步骤06 在时间线区域选中"手绘拍摄器"特效素材,将其右侧白色边框向右拖动,使其尾端和视频的尾端对齐,如图11-19所示。

图11-18

图11-19

11.1.3 添加背景音乐

下面将为视频添加一首合适的背景音乐,使视频更具感染力,并对背景音乐素材进行剪辑、调整音量等操作。

步骤01 在未选中任何素材的状态下,点击底部工具栏中的"音频"按钮♪,如图11-20所示。打开音频选项栏,点击其中的"音乐"按钮◎,如图11-21所示。

图11-20

图11-21

步骤 02 进入剪映音乐库，选择"旅行"选项，如图11-22所示，打开旅行音乐列表，选择图11-23所示的音乐，点击"使用"按钮，将其添加至剪辑项目中。

图11-22   图11-23

步骤 03 将时间指示器移动至00:02处，选中音乐素材，点击底部工具栏中的"分割"按钮 ，如图11-24所示。选择分割出的前半段音乐素材，点击底部工具栏中的"音量"按钮 ，如图11-25所示。在底部浮窗中拖动白色圆圈滑块，将数值设置为687，如图11-26所示。

  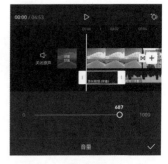

图11-24   图11-25   图11-26

步骤 04 将时间指示器移动至视频的尾端，选中音乐素材。点击底部工具栏中的"分割"按钮 ，再点击"删除"按钮 ，将多余音乐素材删除，如图11-27和图11-28所示。

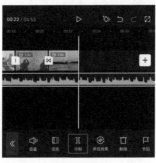 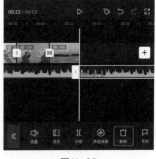

图11-27   图11-28

步骤05 在时间线区域选中音乐素材，点击底部工具栏中的"淡化"按钮■，如图11-29所示。在底部浮窗中拖动白色圆圈滑块，将"淡出时长"的数值设置为0.6s，如图11-30所示。

图11-29

图11-30

11.1.4 添加短视频字幕

下面将为视频添加字幕，让视频的信息更加丰富，重点更加突出，也能让视频画面更具美感。

步骤01 在未选中任何素材的状态下，点击底部工具栏中的"文字"按钮Ｔ，如图11-31所示。打开文本选项栏，点击其中的"文字模板"按钮Ａ，如图11-32所示。

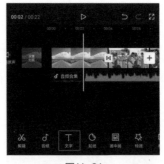

图11-31

图11-32

步骤02 打开文字模板选项栏，在"旅行"选项中选择图11-33所示的模板。在输入框中将文字内容修改为"一起去旅行吧"，如图11-34所示。

图11-33

图11-34

步骤03 在时间线区域选中文字素材，将其右侧的白色边框向左拖动，使其尾端和第1段素材的尾端对齐，如图11-35所示。

步骤04 将时间指示器移动至第2段素材的起始位置，打开文字模板选项栏，在"综艺情绪"选项中选择图11-36所示的模板，并点击文本框中的 ↑ 按钮。

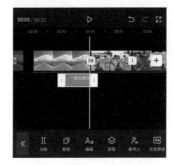

图11-35

图11-36

步骤05 切换至下一行字幕，在文本框中将字幕内容修改为"我最爱的烤串！"，如图11-37所示，点击 ✓ 按钮。

步骤06 在时间线区域选中第2段文字素材，将其右侧的白色边框向左拖动，使其尾端和第2段素材的尾端对齐。在预览区域将文字缩小，并放置在合适位置，如图11-38所示。

图11-37

图11-38

步骤07 参照步骤04至步骤06的操作方法，在第3至第6段素材的下方添加字幕，如图11-39所示。

步骤08 将时间指示器移动至第7段素材的起始位置，打开文字模板选项栏，在"片尾谢幕"选项中选择图11-40所示的模板。

图11-39

图11-40

步骤 09 在文本框中将文字内容修改为"未完待续·下期再见",如图11-41所示,点击✔按钮。在时间线区域选中文字素材,将其右侧的白色边框向左拖动,使其尾端和第7段素材的尾端对齐,如图11-42所示。

图11-41

图11-42

11.2 时尚女装广告

相比于静态的图片,视频往往能更好地展示商品、吸引用户,并激发用户的购买欲。下面以时尚女装广告的剪辑过程为例,讲解电商广告的后期制作方法,效果如图11-43所示。

图11-43

11.2.1 导入素材进行粗剪

下面将在剪映专业版中导入素材进行粗剪,具体步骤包括调整视频比例、设置视频背景、调整素材持续时长和位置等。

步骤 01 启动剪映专业版软件,在本地素材库导入7张关于时尚女装的图像素材,并将其拖曳至时间线区域。在播放器的右下角单击"比例"按钮,如图11-44所示。展开比例选项栏,选择"9:16(抖音)"选项,如图11-45所示。

步骤06 选中素材01，在工具栏中单击"裁剪"按钮 🔲，如图11-50所示。

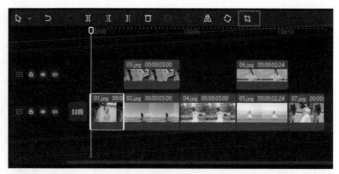

图11-50

步骤07 打开"裁剪"对话框，单击"裁剪比例"下拉按钮 ▼，在下拉列表中选择"9∶16"选项，如图11-51所示，单击"确定"按钮。

步骤08 参照步骤07的操作方法，将素材02、素材03和素材05裁剪为1∶1的比例，将素材04和素材07裁剪为9∶16的比例，将素材06裁剪为3∶4的比例。

图11-51

步骤09 在时间线区域选中素材01，然后在播放器中将素材01的画面缩小并置于显示区域的右侧，如图11-52所示。

图11-52

步骤10 参照步骤09的操作方法，调整余下素材在显示区域的位置，效果如图11-53所示。

图11-53

11.2.2 添加短视频字幕

下面将为视频制作字幕效果。

步骤01 将时间指示器定位至视频的起始位置,单击"文本"按钮 **TI**,在"新建文本"选项中单击"默认文本"中的"添加到轨道"按钮⊕,如图11-54所示,即可在时间线区域添加一个文本素材,如图11-55所示。

图11-54

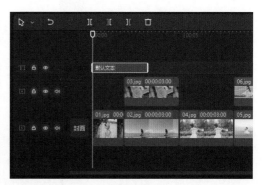

图11-55

步骤02 在界面右上方的文本框中输入"FASHION"，在预设样式选项栏中选择"黑底白边"的样式。在播放器中将文字素材进行旋转并放大，置于图片的边缘位置，然后在时间线区域调整文本素材的持续时长，使其和素材01的时长一致，如图11-56所示。

图11-56

步骤03 参照步骤01和步骤02的操作方法，为素材01添加"Women's Clothing"的文字，置于"FASHION"字幕下方，如图11-57所示。

图11-57

步骤04 参照步骤01和步骤02的操作方法，添加"YOUNG"和"STYLE"文字，置于素材3的右侧，如图11-58所示。添加两段时尚语录文字置于素材02的左侧，并将文字颜色设置为灰色，如图11-59所示。

图11-58

图11-59

步骤 05 参照步骤01和步骤02的操作方法，添加"Slip dress"文字，置于素材04的下方，如图11-60所示。

步骤 06 参照步骤01和步骤02的操作方法，添加"Stylish"和"Women's Clothing"文字，置于素材06的右侧。添加一段时尚语录的文字，置于素材05的左侧，并将文字颜色设置为灰色，如图11-61所示。

图11-60

图11-61

步骤 07 参照步骤01和步骤02的操作方法为素材07添加"时尚女装尽情挑选"文字，并选择"背景"选项，为文字添加白色背景（可在文本框中使用空格键调整背景框大小），将"不透明度"设置为60%，如图11-62所示。

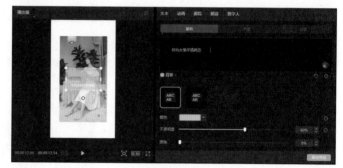

图11-62

步骤 08 参照步骤01和步骤02的操作方法，为素材07添加"小映女装店"文字。将文字颜色设置为白色，在播放器中将文字素材放大，置于"时尚女装尽情挑选"文字的上方，如图11-63所示。

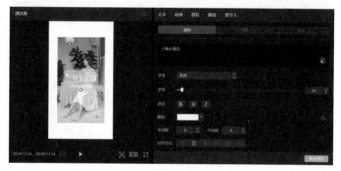

图11-63

11.2.3 添加动画和音乐

下面将为图像素材和视频字幕添加动画效果，并为视频添加一首合适的背景音乐，使视频更具动感，增强画面的感染力。

步骤01 在时间线区域选中素材01，在素材调整区域单击切换至"动画"选项，选择"入场"动画中的"向左滑动"效果，并将"动画时长"设置为0.8s，如图11-64所示。

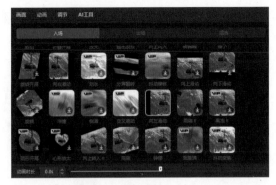

图11-64

步骤02 参照步骤01的操作方法，为余下的图像素材和字幕素材设置不同的动画效果，如图11-65所示。

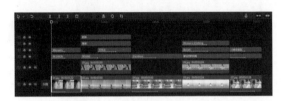

图11-65

步骤03 将时间指示器定位至视频的起始位置，单击"音频"按钮⏴，展开音频选项栏。在搜索框中输入"广告"，然后在搜索出的广告音乐中选择图11-66所示的音乐，并将其添加至时间线区域。

图11-66

步骤04 选中音乐素材，将时间指示器移动至00:00:07:29处，单击工具栏中的"向左裁剪"按钮，如图11-67所示，在时间指示器所在的位置分割音乐素材，并将分割出来的前半段素材删除。

图11-67

步骤05 将时间指示器移动至视频的尾端，单击工具栏中的"向右裁剪"按钮，如图11-68所示，在时间指示器所在的位置分割音乐素材，并将分割出来的后半段素材删除。

图11-68